河南省"十四五"普通高等教育规划教材

高等数学（少学时）

下　册

第 2 版

主　编　高文君

副主编　钱德亮　张洪涛　李大勇　焦成文

机械工业出版社

本套教材入选河南省"十四五"普通高等教育规划教材,在编写过程中,作者力求系统地讲解数学知识,使其由浅入深、重点突出、通俗易懂,同时,注重内容的实用性,打 * 号的为选学内容.本套教材分为上、下两册,上、下册教学参考学时各为 60 学时左右.

上册内容包括:函数与极限、导数与微分、导数的应用、不定积分、定积分.下册内容包括:多元函数微分学、二重积分、无穷级数、微分方程与差分方程.本套教材每节之后有练习题,每章之后有本章小结和复习题,书末有参考答案.本教材为下册.

本套教材可作为普通高等学校高等数学(少学时)课程的教材或参考书,与教材配套的电子教案内容齐全,视频资源包括知识点的讲解以及典型例题讲解,读者可通过"天工讲堂"小程序进行观看.这些资源将成为教与学有益的助手.

图书在版编目(CIP)数据

高等数学:少学时.下册/高文君主编.—2 版.—北京:机械工业出版社,2024.2

河南省"十四五"普通高等教育规划教材

ISBN 978-7-111-75145-8

Ⅰ.①高… Ⅱ.①高… Ⅲ.①高等数学-高等学校-教材 Ⅳ.①O13

中国国家版本馆 CIP 数据核字(2024)第 034945 号

机械工业出版社(北京市百万庄大街 22 号 邮政编码 100037)

策划编辑:汤 嘉 责任编辑:汤 嘉 张金奎
责任校对:薄萌钰 韩雪清 封面设计:张 静
责任印制:单爱军

北京虎彩文化传播有限公司印刷

2024 年 8 月第 2 版第 1 次印刷

184mm×260mm · 10.5 印张 · 264 千字

标准书号:ISBN 978-7-111-75145-8

定价:39.00 元

电话服务 网络服务

客服电话:010-88361066 机 工 官 网:www.cmpbook.com
        010-88379833 机 工 官 博:weibo.com/cmp1952
        010-68326294 金 书 网:www.golden-book.com

封底无防伪标均为盗版 机工教育服务网:www.cmpedu.com

前　言

　　高等数学是大学生的必修课.本套教材面向经管类或其他少学时的本科生,本着"必需、够用"、以学生为本的原则编写,更具人性化.本套教材通俗易懂,有利于学生阅读,既是教材,也是学生的自学用书.与其他教材相比,本套教材在编写中增加了以下新的尝试:

　　(1) 增加了"预备知识".对于学生学习每节内容所需要或可能遗忘的知识,以"预备知识"的形式给出,有利于学生做好知识准备.

　　(2) 例题解答的中间步骤尽量不缺失,使学生能顺利阅读,减少阅读障碍.在例题解答前增加"分析",给学生指出解题的方向.

　　(3) 每节的结尾用问题引出下节,这不但使全书结构严谨,而且可以引导学生阅读下节的内容.

　　(4) 在每章后附有数学史方面的阅读材料,增加了一些人文知识,方便学生了解数学历史和人物,增强可读性.

　　(5) 对于多年来学生难以理解和掌握的极限的证明,在不影响后续教学的前提下以选学的形式给出,以满足不同教师和学生的需求.

　　(6) 每章的总结用思维导图的形式给出,可以使读者一目了然.

　　(7) 在内容上,通过征求金融学专家的意见,我们特意增加了差分和差分方程的内容,以利于经济类学生对后续课程的学习.

　　(8) 重要概念、定理、例题等配有由编写教师讲解的小视频,扫码即可观看.

　　本套教材分为上、下两册,教学参考学时各为约60学时,标注"＊"的为选学内容.上册内容包括:函数与极限、导数与微分、导数的应用、不定积分、定积分.下册内容包括:多元函数微分学、二重积分、无穷级数、微分方程与差分方程.本教材每节后有练习,每章后有习题,书末配有答案.

　　本套教材是河南省"十四五"普通高等教育规划教材,可作为高等数学翻转课堂等教学改革措施相关的配套教材,翻转课堂等教学改革措施的实施需要学生课下预习.这种教学方式除了需要视频,还需要有利于学生阅读、自学的教材,本套教材就是基于这样的目的编写的.

　　参加本套教材编写的有:中原工学院的高文君(第1章、第2章和全部阅读材料)、钱德亮(第9章)、张洪涛(第4章、第5章和附录)、李大勇(第3章、第7章)、焦成文(第6章、第8章).另外,感谢中原工学院的顾聪、周忠、姜永艳、李士生、王鑫、陈新红、杨静为本套教材编写提供支持.

　　在编写过程中,编者得到了中原工学院理学院张建林教授、机械工业出版社编辑汤嘉及其他工作人员的大力支持,在这里深表感谢!

　　为了方便教师教学,本套教材配套了专用 PPT,该 PPT 的制作得到了中原工学院李林和部分优秀学生的支持和帮助,在这里表示感谢.

　　由于编者水平有限,书中难免有错误或不当之处,敬请读者批评、指正.

编者

目　　录

6 第6章
多元函数微分学

前面我们所讨论的函数仅含有一个自变量,称为一元函数.但是人们在实践中常常遇到一个含有两个或更多个自变量的函数,这种函数称为多元函数.本章主要介绍多元函数的极限、连续等基本概念以及多元函数的微分法及其应用.我们以二元函数为主要研究对象展开讨论.

6.1 空间解析几何简介

预备知识:平面上,两点 $A(x_1,y_1)$,$B(x_2,y_2)$ 的距离为:$|AB| = \sqrt{(x_2-x_1)^2+(y_2-y_1)^2}$;以 (x_0,y_0) 为圆心、R 为半径的圆方程为:$(x-x_0)^2+(y-y_0)^2=R^2$;椭圆方程为:$\dfrac{x^2}{a^2}+\dfrac{y^2}{b^2}=1$;抛物线方程为:$y^2=2px$;双曲线方程为:$\dfrac{x^2}{a^2}-\dfrac{y^2}{b^2}=1$.

📖 空间解析几何简介

6.1.1 空间直角坐标系

在空间内任取一定点 O,过点 O 作三条互相垂直的数轴,依次记为 x 轴(横轴),y 轴(纵轴),z 轴(竖轴),这些数轴统称为坐标轴.三条坐标轴的正向构成右手系,即用右手握着 z 轴,当右手四指从 x 轴正向以 $\dfrac{\pi}{2}$ 的角度转向 y 轴正向时,大拇指的指向就是 z 轴的正向.如图 6-1 所示,这样的三条坐标轴就构成了**空间直角坐标系**.

空间直角坐标系中,任意两条坐标轴所确定的平面称为**坐标面**,分别记为 xOy,zOx,yOz 坐标面.三个坐标面把空间分为八个部分,每一部分称为一个**卦限**,顺序规定如图 6-2 所示.

建立空间直角坐标系后,就可以用一组有序数来确定空间任一点的位置.设 M 为空间中任一点,过 M 分别作垂直于 x 轴,y 轴,z 轴的平面,分别与坐标轴交于 P,Q,R,这三点在 x 轴,y 轴,z 轴上的数值分别为 x,y,z.于是,空间中的一点就唯一确定了一个有序数组 (x,y,z),如图 6-3 所示.反之,对任意一组有序数 x,y,z,

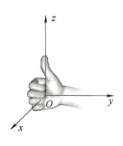

图 6-1

分别在 x 轴，y 轴，z 轴上取距点 O 为 x,y,z 的点 P,Q,R，过 $P,Q,$ R 分别作垂直于三条坐标轴的平面，这三个平面交于唯一的一点 M.可见，任意一组有序数组 x,y,z 唯一确定空间内一点 M.这样就建立了空间的点与有序数组的一一对应关系，这组数 x,y,z 称为点 M 的坐标，通常记为 (x,y,z).x,y,z 依次称为点 M 的横坐标，纵坐标和竖坐标.

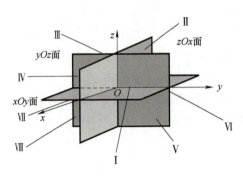

图 6-2　空间直角坐标系共有八个卦限　　　　　　图　6-3

6.1.2　空间两点间的距离

设 $M_1(x_1,y_1,z_1)$，$M_2(x_2,y_2,z_2)$ 为空间两点，这两点之间的距离 d 该如何计算(见图 6-4)？

在直角 $\triangle M_1NM_2$ 及直角 $\triangle M_1PN$ 中，由勾股定理知

$$d^2 = |M_1P|^2 + |PN|^2 + |NM_2|^2,$$

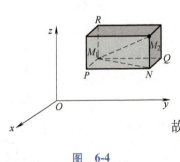

因此，有

$$d = \sqrt{|M_1P|^2 + |PN|^2 + |NM_2|^2},$$

又 $|M_1P| = |x_2-x_1|$，$|PN| = |y_2-y_1|$，$|NM_2| = |z_2-z_1|$，故空间两点间距离公式为

$$|M_1M_2| = \sqrt{(x_2-x_1)^2 + (y_2-y_1)^2 + (z_2-z_1)^2}.$$

图　6-4

【例 6.1.1】　在 z 轴上求与两点 $A(-4,1,7)$ 和 $B(3,5,-2)$ 等距离的点.

分析：因为所求的点在 z 轴上，所以设该点坐标为 $M(0,0,z)$，利用已知条件建立方程求得 z 值.

解：设所求点的坐标为 $M(0,0,z)$，依题意有 $|MA|^2 = |MB|^2$，即

$$(-4-0)^2 + (1-0)^2 + (7-z)^2 = (3-0)^2 + (5-0)^2 + (-2-z)^2$$

解之得 $z = \dfrac{14}{9}$，故所求的点为 $M\left(0,0,\dfrac{14}{9}\right)$.

6.1.3　空间曲面及其方程

在平面解析几何中，平面上的曲线可以看作平面上满足一定条件的动点的轨迹.同样，空间曲面也可以由动点的几何轨迹形成.

定义 6.1　在空间直角坐标系中,如果曲面 S 与三元方程 $F(x,y,z)=0$ 有下述关系:

（1）曲面 S 上任一点的坐标都满足方程;

（2）不在曲面 S 上的点的坐标都不满足方程;

那么,方程 $F(x,y,z)=0$ 就叫作曲面 S 的方程,而曲面 S 就叫作方程 $F(x,y,z)=0$ 的图形,如图 6-5 所示。

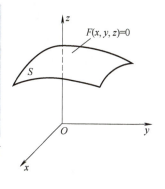

图　6-5

【例 6.1.2】　建立以点 $M_0(x_0,y_0,z_0)$ 为球心、R 为半径的球面方程。

分析:利用"球面上任意一点到球心距离相等"建立方程。

解:设 $M(x,y,z)$ 是球面上任意一点,根据题意有 $|MM_0|=R$,即
$$\sqrt{(x-x_0)^2+(y-y_0)^2+(z-z_0)^2}=R,$$
所求方程为
$$(x-x_0)^2+(y-y_0)^2+(z-z_0)^2=R^2.$$

特殊地,球心在原点时,则 $x_0=y_0=z_0=0$,从而球面方程为
$$x^2+y^2+z^2=R^2.$$

【例 6.1.3】　已知 $A(1,2,3)$,$B(2,-1,4)$,求线段 AB 的垂直平分面的方程。

分析:所求平面即为与 A 和 B 等距离的点的几何轨迹,由此建立方程。

解:设 $M(x,y,z)$ 是所求平面上任一点,根据题意有 $|MA|=|MB|$,即
$$\sqrt{(x-1)^2+(y-2)^2+(z-3)^2}=\sqrt{(x-2)^2+(y+1)^2+(z-4)^2},$$
化简得所求方程为　　$2x-6y+2z-7=0.$

在空间解析几何中关于曲面的研究,有下列两个基本问题:

（1）已知一曲面作为点的几何轨迹时,建立曲面的方程（讨论旋转曲面）;

（2）已知坐标 x,y 和 z 间的一个方程时,研究该方程所表示的曲面形状（讨论柱面、二次曲面）。

6.1.4　一些常见的曲面及其方程

（1）平面

平面的一般方程为 $Ax+By+Cz+D=0$。平面一般方程有几种特殊情况:

① $D=0$,平面通过坐标原点。

② $A=0$,$\begin{cases}D=0,&\text{平面包含 }x\text{ 轴,}\\ D\neq0,&\text{平面平行于 }x\text{ 轴.}\end{cases}$

类似地可讨论 $B=0$,$C=0$ 的情形。

③ $A=B=0$,平面平行于 xOy 坐标面。

类似地可讨论 $A=C=0,B=C=0$ 的情形.

【例 6.1.4】 设平面与 x,y,z 三个坐标轴分别交于点 $P(a,0,0)$, $Q(0,b,0),R(0,0,c)$ (其中 $a\neq0,b\neq0,c\neq0$),求此平面方程.

分析:利用平面的一般方程,将三个点分别代入,求得方程中四个系数之间的关系式.

解:设平面方程为 $Ax+By+Cz+D=0$,
将三点坐标分别代入方程得

$$\begin{cases} aA+D=0, \\ bB+D=0, \\ cC+D=0, \end{cases}$$

解得

$$A=-\frac{D}{a},B=-\frac{D}{b},C=-\frac{D}{c},$$

将 $A=-\dfrac{D}{a},B=-\dfrac{D}{b},C=-\dfrac{D}{c}$ 代入所设方程,得

$$\frac{x}{a}+\frac{y}{b}+\frac{z}{c}=1.$$

$\dfrac{x}{a}+\dfrac{y}{b}+\dfrac{z}{c}=1$ 称为平面的**截距式方程**,其中,a 为 x 轴上的截距,b 为 y 轴上的截距,c 为 z 轴上的截距.

(2) 旋转曲面

定义 6.2 以一条平面曲线绕其平面上的一条直线旋转一周所成的曲面称为旋转曲面.这条定直线叫作旋转曲面的轴.

▶ 定义 6.2　旋转曲面

设在 yOz 平面上有一已知曲线 C,它的方程为 $f(y,z)=0$.

把这条曲线绕 z 轴旋转一周,得到一个以 z 轴为轴的旋转曲面(见图 6-6).

设 $M_1(0,y_1,z_1)$ 为曲线 C 上任一点,则有 $f(y_1,z_1)=0$,当曲线 C 绕 z 轴旋转时,点 M_1 绕 z 轴转到另一点 $M(x,y,z)$,点 M 的坐标满足以下两个条件:

① $z=z_1$.

② 点 M 到 z 轴的距离

$$d=\sqrt{x^2+y^2}=|y_1|.$$

将 $z=z_1,y_1=\pm\sqrt{x^2+y^2}$ 代入 $f(y_1,z_1)=0$ 得方程

$$f(\pm\sqrt{x^2+y^2},z)=0.$$

同理,曲线 C 绕 y 轴旋转一周所得的旋转曲面的方程为

$$f(y,\pm\sqrt{x^2+z^2})=0.$$

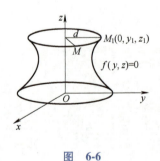

图 6-6

【例 6.1.5】 将下列各曲线绕对应的轴旋转一周,求形成的旋转曲面的方程.

(1) 双曲线 $\dfrac{x^2}{a^2}-\dfrac{z^2}{c^2}=1$ 分别绕 x 轴和 z 轴旋转;

▶ 例 6.1.5

（2）椭圆 $\begin{cases} \dfrac{y^2}{a^2}+\dfrac{z^2}{c^2}=1,\\ x=0 \end{cases}$ 分别绕 y 轴和 z 轴旋转；

（3）抛物线 $\begin{cases} y^2=2pz,\\ x=0 \end{cases}$ 绕 z 轴旋转.

解：（1）将双曲线绕 x 轴旋转得 $\qquad \dfrac{x^2}{a^2}-\dfrac{y^2+z^2}{c^2}=1.$

绕 z 轴旋转得 $\qquad\qquad \dfrac{x^2+y^2}{a^2}-\dfrac{z^2}{c^2}=1.$

由上述旋转可得旋转双曲面.

（2）将椭圆绕 y 轴旋转得 $\qquad \dfrac{y^2}{a^2}+\dfrac{x^2+z^2}{c^2}=1.$

绕 z 轴旋转得 $\qquad\qquad \dfrac{x^2+y^2}{a^2}+\dfrac{z^2}{c^2}=1.$

由上述旋转可得旋转椭球面.

（3）绕 z 轴旋转得 $\qquad x^2+y^2=2pz.$

由上述旋转可得旋转抛物面.

（3）柱面

> **定义 6.3** 平行于定直线并沿定曲线 C 移动的直线 L 所形成的曲面称为**柱面**.这条定曲线 C 叫作柱面的**准线**,动直线 L 叫作柱面的**母线**.

【例 6.1.6】 方程 $x^2+y^2=R^2$ 表示怎样的曲面？

▶ 定义 6.3 柱面

分析：从曲面上点的坐标的特点来分析.

解：在 xOy 平面上,方程 $x^2+y^2=R^2$ 表示圆心在原点、半径为 R 的圆.

在空间直角坐标系中,方程 $x^2+y^2=R^2$ 不含竖坐标 z,即不论空间中点的竖坐标 z 怎样变化,只要 x 和 y 能满足方程,那么这些点就在该曲面上.

于是,过 xOy 面内圆 $x^2+y^2=R^2$ 上一点 $M(x,y,0)$ 且平行于 z 轴的直线一定在 $x^2+y^2=R^2$ 表示的曲面上.

所以,方程 $x^2+y^2=R^2$ 表示的曲面是由平行于 z 轴的直线沿准线为 xOy 平面上的圆 $x^2+y^2=R^2$ 移动而成的**圆柱面**,如图 6-7 所示.

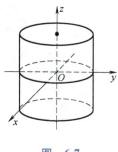

图 6-7

一般地,只含 x,y 而缺 z 的方程 $F(x,y)=0$,在空间直角坐标系中表示母线平行于 z 轴的柱面,其准线是 xOy 平面上的曲线 $C\colon F(x,y)=0$.

例如,方程 $y^2=2x$ 表示母线平行于 z 轴的柱面,它的准线是 xOy 平面上的抛物线 $y^2=2x$,该柱面叫作**抛物柱面**.方程 $\dfrac{x^2}{3}+\dfrac{y^2}{4}=1$ 表示母线平行于 z 轴的**椭圆柱面**；$\dfrac{x^2}{3}-\dfrac{y^2}{4}=1$ 表示母线平行于 z 轴的

双曲柱面.

类似地,只含 x,z 而缺 y 的方程 $G(x,z)=0$ 和只含 y,z 而缺 x 的方程 $H(y,z)=0$ 分别表示母线平行于 y 轴和 x 轴的柱面.

(4) 二次曲面

二次曲面的方程为 $F(x,y,z)=0$.下面我们将介绍三种典型的二次曲面.

① 椭球面

$$\frac{x^2}{a^2}+\frac{y^2}{b^2}+\frac{z^2}{c^2}=1.$$

椭球面存在两种特殊情况:

当 $a=b$ 时,椭球面方程变为 $\frac{x^2}{a^2}+\frac{y^2}{a^2}+\frac{z^2}{c^2}=1$,所得曲面称为旋转

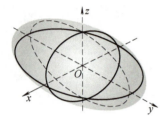

图 6-8

椭球面(见图 6-8).该曲面由椭圆 $\frac{x^2}{a^2}+\frac{z^2}{c^2}=1$ 绕 z 轴旋转而成.

当 $a=b=c$ 时,椭球面变为球面,曲面方程为 $\frac{x^2}{a^2}+\frac{y^2}{a^2}+\frac{z^2}{a^2}=1$.

② 抛物面

当 $\frac{x^2}{2p}+\frac{y^2}{2q}=z$(p 与 q 同号)时,该曲面为椭圆抛物面(见图 6-9).

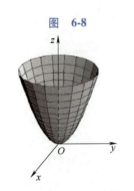

图 6-9

当 $-\frac{x^2}{2p}+\frac{y^2}{2q}=z$(p 与 q 同号)时,该曲面为双曲抛物面,也称为马鞍面(见图 6-10).

③ 双曲面

当 $\frac{x^2}{a^2}+\frac{y^2}{b^2}-\frac{z^2}{c^2}=1$ 时,该曲面为单叶双曲面(见图 6-11).

当 $\frac{x^2}{a^2}+\frac{y^2}{b^2}-\frac{z^2}{c^2}=-1$ 时,该曲面为双叶双曲面(见图 6-12).

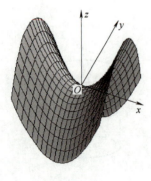

图 6-10

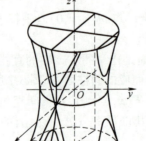

图 6-11

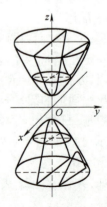

图 6-12

本节我们引入了空间直角坐标系和空间曲面的概念.空间曲面由三个变量构成,两个自变量,一个因变量.那么研究由多个自变量

构成的函数的相关问题,与研究一元函数有什么不同呢? 例如二元
函数

$$f(x,y)=\begin{cases}\dfrac{xy}{x^2+y^2}, & x^2+y^2\neq 0,\\[2mm] 0, & x^2+y^2=0,\end{cases}$$

该怎样研究它在任意点处的极限问题、连续性问题、微分问题等.从
下节开始,我们主要对这些问题进行研究.

练习 6.1

1. 在空间直角坐标系中,指出下列各点在哪个卦限.

$A(1,-1,2),B(2,3,3),C(1,-2,-3),D(-2,-3,1),E(-1,-2,3)$.

2. 求点$(1,1,1)$关于(1)各坐标轴;(2)各坐标面;(3)坐标原点的对称点坐标.

3. 在yOz平面上,求与$A(3,1,2),B(4,-2,-2),C(0,5,1)$三点等距离的点.

4. 证明:以$A(4,1,9),B(10,-1,6),C(2,4,3)$三点为顶点的三角形是等腰三角形.

5. 方程$x^2+y^2+z^2-2x+4y+2z=0$表示什么曲面?

6. 建立以点$(1,3,-2)$为球心,且通过坐标原点的球面方程.

7. 求过$(1,1,-1),(-2,-2,2),(1,-1,2)$三点的平面方程.

8. 指出下列各平面的特殊位置,并画出各平面.

（1）$x=0$;　　　　　　（2）$3y-1=0$;

（3）$2x-3y-6=0$;　　　（4）$x-3y=0$.

9. 将xOz坐标平面上的抛物线$z^2=3x$绕x轴旋转一周,求形成的旋转曲面的方程.

10. 将xOy坐标平面上的双曲线$3x^2-4y^2=18$分别绕x轴和y轴旋转一周,求所形成的旋转曲面的方程.

11. 指出下列方程各表示什么曲面,并画出其图形.

（1）$(x-1)^2+y^2=1$;　　（2）$-\dfrac{x^2}{9}+\dfrac{y^2}{16}=1$;

（3）$\dfrac{x^2}{9}+\dfrac{y^2}{16}=1$;　　　（4）$z=2-y^2$;

（5）$x^2+y^2-z^2=0$;　　（6）$x^2-y^2-z^2=1$;

（7）$\dfrac{x^2}{4}+\dfrac{y^2}{9}+\dfrac{z^2}{9}=1$;　（8）$x=y^2+z^2$.

12. 指出下列方程在平面中和空间中分别表示什么图形.

（1）$x=2$;　　　　　　（2）$y=x+5$;

（3）$x^2+y^2=5$；　　　　　（4）$x^2-y^2=3$.

13. 说出下列方程所表示的曲面.

（1）$4x^2+y^2-z^2=4$；　　　（2）$x^2-y^2-4z^2=4$；

（3）$\dfrac{z}{3}=\dfrac{x^2}{4}+\dfrac{y^2}{9}$.

6.2　多元函数的基本概念

📖 多元函数的概念

预备知识：一元函数 $f(x)$ 极限 $\lim\limits_{x\to x_0}f(x)=A$ 的定义，重要判别方法：左、右极限存在且相等；第一类重要极限：$\lim\limits_{x\to 0}\dfrac{\sin x}{x}=1$；若函数在某一点处的极限值等于其函数值，即 $\lim\limits_{x\to x_0}f(x)=f(x_0)$，则称函数在 x_0 处连续；闭区间上一元连续函数的性质：有界性、最大值（最小值）存在定理、介值定理.

前面章节我们讨论的函数都只含有一个自变量，这种函数称为一元函数.但在实际问题中，一个因素往往受多个因素的影响，反映到数学上，就是一个变量依赖于多个变量.从而，我们提出了多元函数以及多元函数的微分和积分问题.本章将在一元函数微分学的基础上，讨论多元函数的微分法，主要以二元函数为主.

6.2.1　平面区域

（1）平面点集

我们把建立了坐标系的平面称为**坐标平面**.

二元有序实数组 (x,y) 的全体 $\mathbf{R}^2=\mathbf{R}\times\mathbf{R}=\{(x,y)\mid x,y\in\mathbf{R}\}$ 表示坐标平面.

坐标平面上具有某种性质 P 的点的集合，称为**平面点集**，记作

$$E=\{(x,y)\mid (x,y)\text{具有性质 }P\}.$$

例如，平面上以原点为中心、r 为半径的圆内所有点的集合是：

$$C=\{(x,y)\mid x^2+y^2\leqslant r^2\}.$$

（2）邻域

定义 6.4　设 $P_0(x_0,y_0)$ 是 xOy 平面上的一个点，δ 是某一正数，与点 $P_0(x_0,y_0)$ 距离小于 δ 的点 $P(x,y)$ 的全体称为点 P_0 的 δ 邻域，记为 $U(P_0,\delta)$，即

$$U(P_0,\delta)=\{P\mid |PP_0|<\delta\}$$
$$=\{(x,y)\mid \sqrt{(x-x_0)^2+(y-y_0)^2}<\delta\}.$$

从几何角度解释，$U(P_0,\delta)$ 是 xOy 平面上以点 $P_0(x_0,y_0)$ 为圆心，$\delta>0$ 为半径的圆的内部点 $P(x,y)$ 的全体.

去心邻域：点 P_0 的去心邻域

$$\mathring{U}(P_0,\delta) = \{P \mid 0 < |PP_0| < \delta\}$$

$$= \{(x,y) \mid 0 < \sqrt{(x-x_0)^2 + (y-y_0)^2} < \delta\}.$$

如果不需要强调邻域的半径 δ，一般用 $U(P_0)$ 表示点 P_0 的某个邻域，$\mathring{U}(P_0)$ 表示点 P_0 的去心邻域.

下面利用邻域描述点和点集之间的关系.

设 E 是平面上的任意点集，P 是平面上的任意一点.

① **内点**：如果存在点 P 的某一邻域 $U(P)$，使得 $U(P) \subset E$，则称 P 为 E 的内点；

② **外点**：如果存在点 P 的某一邻域 $U(P)$，使得 $U(P) \cap E = \varnothing$，则称 P 为 E 的外点；

③ **边界点**：如果点 P 的任一邻域内既含有属于 E 的点，也含有不属于 E 的点，则称 P 为 E 的边界点；

E 的边界点的全体称为 E 的**边界**，记为 ∂E.

④ **聚点**：如果对于任意给定的 $\delta > 0$，点 P 的去心邻域 $\mathring{U}(P)$ 内总有 E 中的点，则称 P 是 E 的聚点.

E 的内点必属于 E，E 的外点必不属于 E，E 的边界点和聚点本身可能属于 E，也可能不属于 E.

例如，设平面点集

$$E = \{(x,y) \mid 1 < x^2 + y^2 \leqslant 4\},$$

满足 $1 < x^2 + y^2 < 4$ 的一切点 (x,y) 都是 E 的内点. 满足 $x^2 + y^2 = 1$ 的一切点 (x,y) 都是 E 的边界点，它们不属于 E. 满足 $x^2 + y^2 = 4$ 的一切点 (x,y) 也是 E 的边界点，它们都属于 E. 点集 E 以及它的边界 ∂E 上的一切点都是 E 的聚点.

（3）区域

先来定义一些重要的平面点集.

开集：如果点集 E 的所有点都是 E 的内点，则称 E 为开集.

闭集：如果点集 E 的边界 $\partial E \subset E$，则称 E 为闭集.

例如，集合 $\{(x,y) \mid 1 < x^2 + y^2 < 4\}$ 是开集；集合 $\{(x,y) \mid 1 \leqslant x^2 + y^2 \leqslant 4\}$ 是闭集；而集合 $\{(x,y) \mid 1 < x^2 + y^2 \leqslant 4\}$ 既非开集，也非闭集.

连通集：如果点集 E 内的任意两点，都可以用折线连结起来，且该折线上的点都属于 E，则称 E 为连通集.

开区域：连通的开集称为开区域.

闭区域：开区域连同它的边界一起所构成的点集称为闭区域.

有界区域与无界区域：对于区域 D，如果存在正数 δ，使得 $D \subset U(P_0,\delta)$，那么称区域 D 为有界区域；否则称为无界区域.

例如：$\{(x,y) \mid 1 \leqslant x^2 + y^2 \leqslant 4\}$ 为有界闭区域；$\{(x,y) \mid x+y>1\}$ 为无界开区域.

6.2.2 多元函数的定义

我们先看下面的两个例子:

【例 6.2.1】 圆柱体的体积 V 和它的底面半径 r、高 h 之间具有关系 $V=\pi r^2 h$. 这里,当 r,h 在集合 $\{(r,h)\mid r>0,h>0\}$ 内取定一对值 (r,h) 时,V 的值就随之确定.

【例 6.2.2】 一定量的理想气体的压强 p、体积 V 和绝对温度 T 之间具有关系: $p=\dfrac{RT}{V}$, 其中 R 为常数. 当 V,T 在集合 $\{(V,T)\mid V>0,$ $T>T_0\}$ 内取定一对值 (V,T) 时,p 的值就随之确定.

不考虑上述两例的实际意义,我们给出二元函数的定义.

> **定义 6.5** 设 D 是平面上的一个点集,称映射 $f:D\rightarrow \mathbf{R}$ 为定义在 D 上的二元函数,通常记为:
> $$z=f(x,y),(x,y)\in D,$$
> 或
> $$z=f(P),P\in D.$$
> 其中点集 D 称为该二元函数的定义域,x,y 称为自变量,z 称为因变量. 数集 $\{z\mid z=f(x,y),(x,y)\in D\}$ 称为函数 f 的值域,记作 $f(D)$.

类似地,可以定义三元函数 $u=f(x,y,z),(x,y,z)\in D$ 以及三元以上的函数.

二元函数的定义域与一元函数定义域的求法类似. 对于二元函数 $z=f(x,y)$, 使这个表达式有意义的自变量的取值范围,就是函数的定义域. 如果函数的自变量具有某种实际意义,应根据实际意义确定其定义域.

二元函数的几何意义:对于二元函数 $z=f(x,y),(x,y)\in D$, 其定义域 D 是 xOy 平面上的一个区域,点集 $\{(x,y,z)\mid z=f(x,y),(x,y)\in D\}$ 称为二元函数 $z=f(x,y)$ 的图形. 一般地,二元函数的图形是一个曲面. 例如函数 $z=ax+by+c$ 表示一个平面,而函数 $z=x^2+y^2$ 的图形表示旋转抛物面.

【例 6.2.3】 求函数 $z=\arccos(x^2+y^2)$ 的定义域.

分析: 利用反余弦函数的定义域求.

解: 定义域需满足 $x^2+y^2\leqslant 1$, 所以
$$D=\{(x,y)\mid x^2+y^2\leqslant 1\}$$
是函数的定义域,且为有界闭区域.

【例 6.2.4】 求函数 $z=\dfrac{1}{\sqrt{x^2-y}}$ 的定义域.

分析: 表达式中含有根号和分母,当且仅当根号里面的表达式大于 0,函数有意义.

解:定义域满足 $x^2-y>0$,所以

$$D=\{(x,y) \mid x^2>y\}$$

为函数定义域,是无界开区域.

6.2.3 多元函数的极限

与一元函数极限的定义类似,二元函数 $z=f(x,y)$ 的极限问题讨论的是当平面上的点 $P(x,y)$ 无限逼近于点 $P_0(x_0,y_0)$ 时,对应的函数值的变化趋势.

> **定义 6.6** 设二元函数 $z=f(x,y)$ 在点 $P_0(x_0,y_0)$ 的某一去心邻域内有定义,如果当点 $P(x,y)$(属于这个邻域)以任意方式趋于点 $P_0(x_0,y_0)$ 时,对应的函数值 $f(x,y)$ 无限接近于一个确定的常数 A,则称 A 是函数 $z=f(x,y)$ 当 $P(x,y)\to P_0(x_0,y_0)$ 时的极限,记作
>
> $$\lim_{(x,y)\to(x_0,y_0)}f(x,y)=A,$$
>
> 或 $$f(x,y)\to A((x,y)\to(x_0,y_0)),$$
> 也记作
> $$\lim_{P\to P_0}f(P)=A \quad 或 \quad f(P)\to A(P\to P_0).$$
>
> 上述定义的极限也称为**二重极限**.

▶️ 定义 6.6 多元函数的极限

当 $(x,y)\to(x_0,y_0)$ 时,函数 $f(x,y)\to A$ 是指 (x,y) 以任何方式趋于 (x_0,y_0) 时,函数 $f(x,y)$ 都趋于 A.因为平面上由一点到另一点有无数条路径,所以二元函数当 $(x,y)\to(x_0,y_0)$ 时的情况,要比一元函数中 $x\to x_0$ 复杂得多.如果 (x,y) 以某一特殊方式趋于 (x_0,y_0) 时,即使函数无限接近于某一确定的值,我们也不能由此断定函数的极限存在.

如果当 (x,y) 以不同的方式趋于 (x_0,y_0) 时,函数趋于不同的值,那么就可以断定这个函数的极限不存在.

【例 6.2.5】 求 $\lim_{(x,y)\to(0,2)}\dfrac{\sin(xy)}{x}$.

分析:利用重要极限 $\lim_{x\to0}\dfrac{\sin x}{x}=1$ 解决问题.

解:
$$\lim_{(x,y)\to(0,2)}\frac{\sin(xy)}{x}=\lim_{(x,y)\to(0,2)}\frac{\sin(xy)}{xy}\cdot y$$

$$=\lim_{(x,y)\to(0,2)}\frac{\sin(xy)}{xy}\cdot\lim_{(x,y)\to(0,2)}y$$

$$=1\times2=2.$$

【例 6.2.6】 讨论函数 $f(x,y)=\begin{cases}\dfrac{xy}{x^2+y^2}, & x^2+y^2\neq0 \\ 0, & x^2+y^2=0\end{cases}$ 在点 $(0,0)$

▶️ 例 6.2.6

处有无极限.

分析:选择几种不同的路径使(x,y)趋于$(0,0)$,观察函数是否趋于不同的值.

解:当点$P(x,y)$沿x轴趋于点$(0,0)$时,

$$\lim_{\substack{(x,y)\to(0,0)\\y=0}}f(x,y)=\lim_{x\to0}f(x,0)=\lim_{x\to0}\frac{x\cdot0}{x^2+0^2}=0;$$

当点$P(x,y)$沿y轴趋于点$(0,0)$时,

$$\lim_{\substack{(x,y)\to(0,0)\\x=0}}f(x,y)=\lim_{y\to0}f(0,y)=\lim_{y\to0}\frac{0\cdot y}{0^2+y^2}=0;$$

当点$P(x,y)$沿直线$y=kx(k\neq0)$趋于点$(0,0)$时,

$$\lim_{\substack{(x,y)\to(0,0)\\y=kx}}\frac{xy}{x^2+y^2}=\lim_{x\to0}\frac{kx^2}{x^2+k^2x^2}=\frac{k}{1+k^2}\neq0.$$

因此,函数$f(x,y)$在$(0,0)$处无极限.

6.2.4 多元函数的连续性

定义 6.7 设函数$z=f(x,y)$在区域D内有定义,且$P_0(x_0,y_0)\in D$,若

$$\lim_{(x,y)\to(x_0,y_0)}f(x,y)=f(x_0,y_0)$$

则称函数$f(x,y)$在点$P_0(x_0,y_0)$处连续.如果函数$f(x,y)$在D的每一点处都连续,那么称函数$f(x,y)$在D上连续.

二元函数的连续性概念可以相应地推广到n元函数.可以证明,多元连续函数的和、差、积仍为连续函数,连续函数的商在分母不为零处仍连续,多元连续函数的复合函数也是连续函数.

与一元初等函数类似,多元初等函数是指可以用一个式子表示的函数.这个式子是由常数及具有不同自变量的一元基本初等函数经过有限次的四则运算和复合运算得到的.例如$\dfrac{x+x^2-y^2}{1+y^2}$,$\sin(x+y)$,$e^{x^2+y^2+z^2}$都是多元初等函数.

一切多元初等函数在其定义区域内都是连续的.由于多元初等函数的连续性,如果要求它在点P_0处的极限,而该点又在此函数的定义区域内,则极限值就是函数在该点的函数值,即

$$\lim_{P\to P_0}f(P)=f(P_0).$$

【例 6.2.7】 求$\displaystyle\lim_{(x,y)\to(1,2)}\frac{x+y}{xy}$.

分析:函数$\dfrac{x+y}{xy}$是初等函数,点$(1,2)$在其定义域内,极限值等于其函数值.

解:

$$\lim_{(x,y)\to(1,2)}\frac{x+y}{xy}=\frac{1+2}{1\cdot2}=\frac{3}{2}.$$

【例 6.2.8】　求 $\lim\limits_{(x,y)\to(0,0)}\dfrac{\sqrt{xy+1}-1}{xy}$.

分析：分子、分母的极限都为 0，首先进行分子有理化.

解：

$$\lim_{(x,y)\to(0,0)}\frac{\sqrt{xy+1}-1}{xy}=\lim_{(x,y)\to(0,0)}\frac{(\sqrt{xy+1}-1)(\sqrt{xy+1}+1)}{xy(\sqrt{xy+1}+1)}$$

$$=\lim_{(x,y)\to(0,0)}\frac{1}{\sqrt{xy+1}+1}=\frac{1}{2}.$$

与一元函数类似，有界闭区域上连续的多元函数具有如下性质：

性质 1（有界性与最大值、最小值定理）　在有界闭区域 D 上的多元连续函数，必定在 D 上有界，且能取得它的最大值和最小值.

性质 1 的含意是，若 $f(P)$ 在有界闭区域 D 上连续，则必定存在常数 $M>0$，使得对一切 $P\in D$，有

$$|f(P)|\leq M;$$

且存在 $P_1,P_2\in D$，使得

$$f(P_1)=\max\{f(P)\mid P\in D\},$$
$$f(P_2)=\min\{f(P)\mid P\in D\}.$$

性质 2（介值定理）　在有界闭区域 D 上的多元连续函数必取得介于最大值和最小值之间的任何值.

本节我们引入了二元函数的概念，前面研究一元函数时通过变化率问题引入了导数的概念，那么对于二元或二元以上的函数，导数该怎样定义，如何求解，在几何上是否仍然表示为切线的斜率？与一元函数是否有类似的地方？在下节，我们将对这些问题一一进行研究.

练习 6.2

1. 设函数 $f(x,y)=x^y$，求 $f(xy,x+y)$.

2. 求下列函数的定义域，

（1）$z=\ln(y^2-2x+1)$；　　　　（2）$z=\dfrac{1}{\sqrt{x+y}}+\dfrac{1}{\sqrt{x-y}}$；

（3）$z=\ln(y-x)+\dfrac{\sqrt{x}}{\sqrt{1-x^2-y^2}}$；　（4）$u=\arccos\dfrac{z}{\sqrt{x^2+y^2}}$.

3. 求下列各极限.

（1）$\lim\limits_{(x,y)\to(0,1)}\dfrac{1-xy}{x^2+y^2}$；　　（2）$\lim\limits_{(x,y)\to(1,0)}\dfrac{\ln(x+e^y)}{\sqrt{x^2+y^2}}$；

(3) $\lim\limits_{(x,y)\to(0,0)}\dfrac{2-\sqrt{xy+4}}{xy}$;　　　　(4) $\lim\limits_{(x,y)\to(2,0)}\dfrac{\tan(xy)}{y}$.

4. 判断下列函数在何处间断.

(1) $z=\ln(x^2+y^2)$;　　　　(2) $z=\dfrac{y^2+2x}{y^2-2x}$;

(3) $z=\dfrac{2x}{\sqrt{1-x^2-y^2}}$.

*5. 证明下列极限不存在.

(1) $\lim\limits_{(x,y)\to(0,0)}\dfrac{x+y}{x-y}$;　　　　(2) $\lim\limits_{(x,y)\to(0,0)}\dfrac{\sqrt{xy+1}-1}{x+y}$.

6.3　偏　导　数

偏导数

预备知识: 一元函数导数的定义: $f'(x)=\dfrac{\mathrm{d}f(x)}{\mathrm{d}x}=\lim\limits_{\Delta x\to 0}$ $\dfrac{f(x+\Delta x)-f(x)}{\Delta x}$; 基本的导数公式; 导数的四则运算法则: $[u(x)\pm v(x)]'=u'(x)\pm v'(x)$, $[u(x)v(x)]'=u'(x)v(x)+u(x)v'(x)$, $\left[\dfrac{u(x)}{v(x)}\right]'=\dfrac{u'(x)v(x)-u(x)v'(x)}{v^2(x)}$ $(v(x)\ne 0)$; 高阶导数的定义 $f^{(n)}(x)=\dfrac{\mathrm{d}f^{(n-1)}(x)}{\mathrm{d}x}$, $(n\ge 2)$.

在研究一元函数时,我们从研究函数的变化率问题引入了导数的概念.对于多元函数,同样需要讨论变化率问题.但多元函数的自变量不止一个,自变量与因变量之间的关系要比一元函数复杂得多.本节我们研究在其他自变量固定不变时,多元函数关于一个自变量的变化率问题,即偏导数.

6.3.1　偏导数的概念

一般地,在二元函数 $z=f(x,y)$ 中,如果只有自变量 x 变化,而另一个自变量 y 固定(看作常量),这时函数可以看作 x 的一元函数,函数对 x 的导数就称为二元函数 $z=f(x,y)$ 对 x 的偏导数,即有如下定义:

定义 6.8　设函数 $z=f(x,y)$ 在点 (x_0,y_0) 的某一邻域内有定义,当 y 固定在 y_0 处而 x 在 x_0 处有增量 Δx 时,相应地,函数有增量

$$f(x_0+\Delta x,y_0)-f(x_0,y_0),$$

定义 6.8　偏导数
的定义

如果极限

$$\lim_{\Delta x \to 0} \frac{f(x_0+\Delta x, y_0) - f(x_0, y_0)}{\Delta x}$$

存在, 则称此极限为函数 $z=f(x,y)$ 在点 (x_0, y_0) 处对 x 的**偏导数**, 记作

$$\frac{\partial z}{\partial x}\bigg|_{\substack{x=x_0 \\ y=y_0}}, \frac{\partial f}{\partial x}\bigg|_{\substack{x=x_0 \\ y=y_0}}, z_x\bigg|_{\substack{x=x_0 \\ y=y_0}} \text{ 或 } f_x(x_0, y_0).$$

类似地, 函数 $z=f(x,y)$ 在点 (x_0, y_0) 处对 y 的偏导数定义为

$$\lim_{\Delta y \to 0} \frac{f(x_0, y_0+\Delta y) - f(x_0, y_0)}{\Delta y},$$

记作

$$\frac{\partial z}{\partial y}\bigg|_{\substack{x=x_0 \\ y=y_0}}, \frac{\partial f}{\partial y}\bigg|_{\substack{x=x_0 \\ y=y_0}}, z_y\bigg|_{\substack{x=x_0 \\ y=y_0}} \text{ 或 } f_y(x_0, y_0).$$

如果函数 $z=f(x,y)$ 在区域 D 内每一点 (x,y) 处对 x 的偏导数都存在, 那么这个偏导数就是 x,y 的函数, 称为函数 $z=f(x,y)$ 对自变量 x 的偏导函数, 记作

$$\frac{\partial z}{\partial x}, \frac{\partial f}{\partial x}, z_x \text{ 或 } f_x(x,y).$$

且偏导函数的定义为: $f_x(x,y) = \lim\limits_{\Delta x \to 0} \dfrac{f(x+\Delta x, y) - f(x,y)}{\Delta x}$.

类似地, 可以定义函数 $z=f(x,y)$ 对 y 的偏导函数, 记为

$$\frac{\partial z}{\partial y}, \frac{\partial f}{\partial y}, z_y \text{ 或 } f_y(x,y).$$

以后在不至于混淆的地方也把偏导函数简称为**偏导数**.

根据定义, 求函数 $z=f(x,y)$ 的偏导数, 并不需要新的方法, 定义中只有一个自变量在变化, 另一个自变量看作固定的, 此问题仍旧是一元函数的微分问题. 求 $\dfrac{\partial f}{\partial x}$ 时, 只要把 y 暂时看作常量而对 x 求导数即可. 类似地, 求 $\dfrac{\partial f}{\partial y}$ 时, 只要把 x 暂时看作常量而对 y 求导数即可.

偏导数的概念还可以推广到二元以上的函数. 例如三元函数 $u=f(x,y,z)$ 在点 (x,y,z) 处对 x 的偏导数定义为:

$$f_x(x,y,z) = \lim_{\Delta x \to 0} \frac{f(x+\Delta x, y, z) - f(x,y,z)}{\Delta x},$$

其中 (x,y,z) 是函数 $u=f(x,y,z)$ 的定义域的内点. 求法也仍旧是一元函数的微分问题.

【例 6.3.1】　求 $z=x^2+3xy+y^2$ 在点 $(1,2)$ 处的偏导数.

分析: 先求函数 $z=x^2+3xy+y^2$ 分别对 x,y 的偏导数, 再将点

(1,2)代入偏导数的表达式中.

解：
$$\frac{\partial z}{\partial x} = 2x+3y, \frac{\partial z}{\partial y} = 3x+2y,$$

$$\frac{\partial z}{\partial x}\bigg|_{\substack{x=1\\y=2}} = 2\times1+3\times2 = 8, \frac{\partial z}{\partial y}\bigg|_{\substack{x=1\\y=2}} = 3\times1+2\times2 = 7.$$

【例 6.3.2】 求 $z = x^3\sin2y$ 的偏导数.

分析：求函数 $z = x^3\sin2y$ 对其中一个自变量的偏导数，将另外一个的自变量看作常量.

解：
$$\frac{\partial z}{\partial x} = 3x^2\sin2y, \frac{\partial z}{\partial y} = 2x^3\cos2y.$$

【例 6.3.3】 设 $z = x^y(x>0, x\neq1)$，求证：$\dfrac{x}{y}\dfrac{\partial z}{\partial x} + \dfrac{1}{\ln x}\dfrac{\partial z}{\partial y} = 2z$.

分析：先求函数 $z = x^y(x>0, x\neq1)$ 分别对 x,y 的偏导数 $\dfrac{\partial z}{\partial x}, \dfrac{\partial z}{\partial y}$，代入等式，验证左右两端相等.

证明：因
$$\frac{\partial z}{\partial x} = yx^{y-1}, \frac{\partial z}{\partial y} = x^y\ln x$$

所以
$$\frac{x}{y}\frac{\partial z}{\partial x} + \frac{1}{\ln x}\frac{\partial z}{\partial y} = \frac{x}{y}yx^{y-1} + \frac{1}{\ln x}x^y\ln x = x^y + x^y = 2z.$$

【例 6.3.4】 求 $r = \sqrt{x^2+y^2+z^2}$ 的偏导数.

分析：对其中一个自变量求偏导时数，将剩余两个自变量看作常量.

解：将 y 和 z 看作常量，得
$$\frac{\partial r}{\partial x} = \frac{1}{2}(x^2+y^2+z^2)^{-1/2}\cdot 2x = \frac{x}{\sqrt{x^2+y^2+z^2}} = \frac{x}{r};$$

类似地，
$$\frac{\partial r}{\partial y} = \frac{y}{\sqrt{x^2+y^2+z^2}} = \frac{y}{r};$$

$$\frac{\partial r}{\partial z} = \frac{z}{\sqrt{x^2+y^2+z^2}} = \frac{z}{r}.$$

【例 6.3.5】 已知理想气体的状态方程为 $pV = RT$（R 为常数），求证：
$$\frac{\partial p}{\partial V}\cdot\frac{\partial V}{\partial T}\cdot\frac{\partial T}{\partial p} = -1.$$

分析：求偏导数 $\dfrac{\partial p}{\partial V}$，先把 $pV = RT$ 写成等价形式 $p = \dfrac{RT}{V}$，再把 T,V 看作自变量，p 为因变量；对于 $\dfrac{\partial V}{\partial T}$ 和 $\dfrac{\partial T}{\partial p}$ 做法类似；将三个偏导数代入等式左边，验证是否等于等式右边.

证明：因为

$$p = \frac{RT}{V}, \frac{\partial p}{\partial V} = -\frac{RT}{V^2};$$

$$V = \frac{RT}{p}, \frac{\partial V}{\partial T} = \frac{R}{p};$$

$$T = \frac{pV}{R}, \frac{\partial T}{\partial p} = \frac{V}{R};$$

所以　　　　$\dfrac{\partial p}{\partial V} \cdot \dfrac{\partial V}{\partial T} \cdot \dfrac{\partial T}{\partial p} = -\dfrac{RT}{V^2} \cdot \dfrac{R}{p} \cdot \dfrac{V}{R} = -\dfrac{RT}{pV} = -1.$

从上例中我们看到,偏导数的记号是一个整体记号,不能看作分子、分母之商.这是与一元函数导数记号的不同之处.

二元函数偏导数的**几何意义**:

设 $M_0(x_0, y_0, f(x_0, y_0))$ 为曲面 $z = f(x,y)$ 上的一点,过点 M_0 作平面 $y = y_0$,截此曲面得一条曲线,此曲线在平面 $y = y_0$ 上的方程为 $z = f(x, y_0)$,则 $z = f(x, y_0)$ 的导数 $\dfrac{\mathrm{d}}{\mathrm{d}x} f(x, y_0) \big|_{x = x_0}$,即偏导数 $f_x(x_0, y_0) = \tan\alpha$ 就是曲线在点 M_0 处的切线 $M_0 T_x$ 对 x 轴的斜率(对 x 的变化率).同样,导数 $\dfrac{\mathrm{d}}{\mathrm{d}y} f(x_0, y) \big|_{y = y_0}$,即偏导数 $f_y(x_0, y_0) = \tan\beta$ 就是曲线在点 M_0 处的切线 $M_0 T_y$ 对 y 轴的斜率(对 y 的变化率).

关于多元函数偏导数,我们需要说明以下几点:

(1) 对于分段函数分段点处的偏导数,我们只能利用偏导数的定义求,不能直接利用求导法则求.

(2) $f_x(x_0, y_0) = \left[\dfrac{\mathrm{d}}{\mathrm{d}x} f(x, y_0)\right] \bigg|_{x = x_0}, f_y(x_0, y_0) = \left[\dfrac{\mathrm{d}}{\mathrm{d}y} f(x_0, y)\right] \bigg|_{y = y_0}.$

(3) 偏导数与连续性之间的关系:与一元函数不同,对于多元函数来说,即使各偏导数在某点处都存在,也不能保证函数在该点处连续.

分段点处
求偏导的例子

例如,二元函数 $f(x,y) = \begin{cases} \dfrac{xy}{x^2 + y^2}, & x^2 + y^2 \neq 0, \\ 0, & x^2 + y^2 = 0. \end{cases}$

点 $(0,0)$ 处为分段点,对 x 的偏导数需利用定义求,即

$$f_x(0,0) = \lim_{\Delta x \to 0} \frac{f(0 + \Delta x, 0) - f(0,0)}{\Delta x} = \lim_{\Delta x \to 0} 0 = 0;$$

类似地,

$$f_y(0,0) = \lim_{\Delta y \to 0} \frac{f(0, 0 + \Delta y) - f(0,0)}{\Delta y} = \lim_{\Delta y \to 0} 0 = 0.$$

即偏导数存在,而由上节【例 6.2.6】可知,$\lim\limits_{(x,y) \to (0,0)} f(x,y)$ 不存在,故函数 $f(x,y)$ 在 $(0,0)$ 处不连续.

6.3.2　高阶偏导数

设函数 $z = f(x,y)$ 在区域 D 内具有偏导数

$$\frac{\partial z}{\partial x}=f_x(x,y),\frac{\partial z}{\partial y}=f_y(x,y),$$

那么在 D 内, $f_x(x,y),f_y(x,y)$ 都是 x,y 的函数.如果这两个函数的偏导数也存在,则称它们是函数 $z=f(x,y)$ 的**二阶偏导数**.按照对变量求导次序的不同,有下列四个二阶偏导数:

$$\frac{\partial}{\partial x}\left(\frac{\partial z}{\partial x}\right)=\frac{\partial^2 z}{\partial x^2}=f_{xx}(x,y),\frac{\partial}{\partial y}\left(\frac{\partial z}{\partial x}\right)=\frac{\partial^2 z}{\partial x\partial y}=f_{xy}(x,y),$$

$$\frac{\partial}{\partial x}\left(\frac{\partial z}{\partial y}\right)=\frac{\partial^2 z}{\partial y\partial x}=f_{yx}(x,y),\quad \frac{\partial}{\partial y}\left(\frac{\partial z}{\partial y}\right)=\frac{\partial^2 z}{\partial y^2}=f_{yy}(x,y).$$

其中, $\dfrac{\partial}{\partial y}\left(\dfrac{\partial z}{\partial x}\right)=\dfrac{\partial^2 z}{\partial x\partial y}=f_{xy}(x,y),\dfrac{\partial}{\partial x}\left(\dfrac{\partial z}{\partial y}\right)=\dfrac{\partial^2 z}{\partial y\partial x}=f_{yx}(x,y)$ 称为**混合偏导数**.同样可得三阶、四阶以及 n 阶偏导数.二阶及二阶以上的偏导数统称为**高阶偏导数**.

【例 6.3.6】　设 $z=x^3y^2-3xy^3-xy+1$,求 $\dfrac{\partial^2 z}{\partial x^2},\dfrac{\partial^2 z}{\partial y^2},\dfrac{\partial^2 z}{\partial y\partial x}$ 和 $\dfrac{\partial^2 z}{\partial x\partial y}$.

分析:先求一阶偏导数,然后在一阶偏导数的基础上求二阶偏导数.

解:

$$\frac{\partial z}{\partial x}=3x^2y^2-3y^3-y,\qquad \frac{\partial z}{\partial y}=2x^3y-9xy^2-x;$$

$$\frac{\partial^2 z}{\partial x^2}=6xy^2,\qquad\qquad \frac{\partial^2 z}{\partial y^2}=2x^3-18xy;$$

$$\frac{\partial^2 z}{\partial x\partial y}=6x^2y-9y^2-1,\quad \frac{\partial^2 z}{\partial y\partial x}=6x^2y-9y^2-1.$$

从该例我们看到 $\dfrac{\partial^2 z}{\partial y\partial x}=\dfrac{\partial^2 z}{\partial x\partial y}$,即混合偏导数与求导顺序无关,但这个结论并不是对任意可求二阶偏导数的二元函数都成立,仅在一定条件下,这个结论才成立.

定理 6.1　如果函数 $z=f(x,y)$ 的两个二阶混合偏导数 $\dfrac{\partial^2 z}{\partial y\partial x}$ 及 $\dfrac{\partial^2 z}{\partial x\partial y}$ 在区域 D 内连续,那么在该区域内,这两个二阶混合偏导数必相等.证明略.

【例 6.3.7】　验证函数 $z=\ln\sqrt{x^2+y^2}$ 满足方程 $\dfrac{\partial^2 z}{\partial x^2}+\dfrac{\partial^2 z}{\partial y^2}=0.$

分析:求出二阶偏导数 $\dfrac{\partial^2 z}{\partial x^2},\dfrac{\partial^2 z}{\partial y^2}$,代入方程的左边,验证是否等于 0.

证明:因为 $z=\ln\sqrt{x^2+y^2}=\dfrac{1}{2}\ln(x^2+y^2)$,所以

$$\frac{\partial z}{\partial x}=\frac{x}{x^2+y^2},\frac{\partial z}{\partial y}=\frac{y}{x^2+y^2},$$

$$\frac{\partial^2 z}{\partial x^2}=\frac{(x^2+y^2)-x\cdot 2x}{(x^2+y^2)^2}=\frac{y^2-x^2}{(x^2+y^2)^2},$$

$$\frac{\partial^2 z}{\partial y^2}=\frac{(x^2+y^2)-y\cdot 2y}{(x^2+y^2)^2}=\frac{x^2-y^2}{(x^2+y^2)^2}.$$

因此

$$\frac{\partial^2 z}{\partial x^2}+\frac{\partial^2 z}{\partial y^2}=\frac{x^2-y^2}{(x^2+y^2)^2}+\frac{y^2-x^2}{(x^2+y^2)^2}=0.$$

研究一元函数时,我们引入了微分的概念,并有微分基本公式: $\mathrm{d}f(x)=f'(x)\mathrm{d}x$,对于二元或多元函数,比如 $z=f(x,y)$,是否仍然有微分的概念? 微分公式如何? 该如何求解?

练习 6.3

1. 设 $f(x,y)=\ln\left(x+\dfrac{y}{2x}\right)$,求 $f_x(1,0)$,$f_y(1,0)$.

2. 求下列函数的偏导数:

(1) $z=x^3y-y^3x$;　　　　(2) $z=\sin\dfrac{x}{y}\cos\dfrac{y}{x}$;

(3) $z=\sqrt{\ln(xy)}$;　　　　(4) $z=\sin(xy)+\cos^2(xy)$;

(5) $z=(1+xy)^y$;　　　　(6) $u=x^{\frac{y}{z}}$;

(7) $z=\ln\left(\tan\dfrac{x}{y}\right)$;　　　　(8) $u=\arctan(x-y)^z$.

3. 设 $z=\mathrm{e}^{-\left(\frac{1}{x}+\frac{1}{y}\right)}$,求证:$x^2\dfrac{\partial z}{\partial x}+y^2\dfrac{\partial z}{\partial y}=2z$.

4. 曲线 $\begin{cases}z=\dfrac{x^2+y^2}{4}\\ y=4\end{cases}$,在点 $(2,4,5)$ 处的切线对于 x 轴的倾斜角是

多少?

5. 求下列函数的二阶偏导数.

(1) $z=x^4+y^4-4x^2y^2$;　　　　(2) $z=\mathrm{e}^{xy}$;

(3) $z=\arctan\dfrac{y}{x}$;　　　　(4) $z=y^x$.

6. 设 $f(x,y,z)=xy^2+yz^2+zx^2$,求 $f_{xx}(0,0,1)$,$f_{xz}(1,0,2)$,$f_{yz}(0,-1,0)$,$f_{zzx}(2,0,1)$.

6.4　全微分及其应用

预备知识:一元函数 $y=f(x)$ 在点 x 处微分的定义:给定自变量 x 一个增量 Δx,若函数值的增量 Δy 可以写成: $\Delta y=f(x+\Delta x)-$

$f(x)=A\Delta x+o(\Delta x)$,其中 A 是与 Δx 无关的常量,则称 $A\Delta x$ 为函数在点x 处的微分且 $A=f'(x)$.微分表达式:$\mathrm{d}y=f'(x)\mathrm{d}x$.

全微分及其应用

6.4.1　全微分的定义

在一元函数微分学中,如果函数 $y=f(x)$ 在点 x 处可微,则函数的改变量

$$\Delta y=f(x+\Delta x)-f(x)$$

可以表示为 Δx 的线性函数与一个比 Δx 高阶的无穷小之和,即

$$\Delta y=A\Delta x+o(\Delta x),$$

其中 $A=f'(x)$ 是与 Δx 无关的常数.

类似地,二元函数 $z=f(x,y)$ 在点 (x,y) 的全改变量

$$\Delta z=f(x+\Delta x,y+\Delta y)-f(x,y)$$

与一元函数类似,我们希望分离出自变量的改变量 $\Delta x,\Delta y$ 的线性函数,从而引入如下定义.

▶ 定义 6.9　全微分
　　的定义

> **定义 6.9**　如果函数 $z=f(x,y)$ 在点 (x,y) 的某邻域内有定义,且函数在点 (x,y) 的全增量
>
> $$\Delta z=f(x+\Delta x,y+\Delta y)-f(x,y)$$
>
> 可以表示为
>
> $$\Delta z=A\Delta x+B\Delta y+o(\rho).$$
>
> 其中,A,B 是不依赖于 $\Delta x,\Delta y$ 而仅与 x,y 有关的量,且 $\rho=\sqrt{(\Delta x)^2+(\Delta y)^2}$,则称函数 $z=f(x,y)$ 在点 (x,y) 处可微分,而 $A\Delta x+B\Delta y$ 称为函数 $z=f(x,y)$ 在点 (x,y) 处的全微分,记为 $\mathrm{d}z$,即
>
> $$\mathrm{d}z=A\Delta x+B\Delta y.$$
>
> 如果函数在区域 D 内各点处都可微分,那么称函数在 D 内可微分.

在第 6.3 节,我们指出对于多元函数,即使偏导数在某点处都存在,也不能保证函数在该点处连续.但是,如果函数 $z=f(x,y)$ 在点(x,y) 处可微分,则函数在该点处必连续.事实上,由

$$\Delta z=A\Delta x+B\Delta y+o(\rho)$$

可得$\lim\limits_{\rho\to 0}\Delta z=0$,从而 $\lim\limits_{(\Delta x,\Delta y)\to(0,0)}f(x+\Delta x,y+\Delta y)=\lim\limits_{\rho\to 0}\big[f(x,y)+\Delta z\big]=f(x,y)$.因此函数 $z=f(x,y)$ 在点 (x,y) 处连续.由此可得下面的定理.

定理 6.2　如果函数 $z=f(x,y)$ 在点 (x,y) 处可微分,则函数在该点连续.

下面进一步讨论函数在点 (x,y) 处可微的必要条件和充分条件.

定理 6.3(必要条件)　如果函数 $z=f(x,y)$ 在点 (x,y) 处可微分,则该函数在点 (x,y) 处的偏导数$\dfrac{\partial z}{\partial x},\dfrac{\partial z}{\partial y}$必定存在,且函数 $z=f(x,y)$

在点 (x,y) 的全微分为

$$dz = \frac{\partial z}{\partial x}\Delta x + \frac{\partial z}{\partial y}\Delta y.$$

证明: 因为函数 $z = f(x,y)$ 在点 (x,y) 处可微,所以有

$$\Delta z = A\Delta x + B\Delta y + o(\rho)$$

成立.

特别地,当 $\Delta y = 0$ 时,上式也成立,此时 $\rho = |\Delta x|$.

所以

$$\Delta z = f(x + \Delta x, y) - f(x,y) = A\Delta x + o(|\Delta x|),$$

$$\frac{\partial z}{\partial x} = \lim_{\Delta x \to 0}\frac{\Delta z}{\Delta x} = \lim_{\Delta x \to 0}\frac{f(x + \Delta x, y) - f(x,y)}{\Delta x} = A.$$

从而 $\frac{\partial z}{\partial x}$ 存在.

同理, $\frac{\partial z}{\partial y} = B$,所以

$$dz = \frac{\partial z}{\partial x}\Delta x + \frac{\partial z}{\partial y}\Delta y.$$

我们知道,一元函数在某点的导数存在是在该点微分存在的充分必要条件,但是对于二元函数来说,由定理 6.3 可知,若可微则偏导数一定存在,但反之不成立,即若偏导数存在,函数不一定可微.

【例 6.4.1】 讨论函数 $f(x,y) = \begin{cases} \dfrac{xy}{\sqrt{x^2 + y^2}}, & x^2 + y^2 \neq 0, \\ 0, & x^2 + y^2 = 0 \end{cases}$ 在点 $(0,0)$

处的偏导数与全微分.

▶ 例 6.4.1

分析: 利用偏导数定义求出函数在 $(0,0)$ 处的偏导数,根据全微分定义判断函数在该点的可微性.

解: 函数在点 $(0,0)$ 处有偏导数

$$f_x(0,0) = \lim_{\Delta x \to 0}\frac{f(0 + \Delta x, 0) - f(0,0)}{\Delta x} = \lim_{\Delta x \to 0} 0 = 0.$$

同理, $f_y(0,0) = 0$,即两个偏导数存在.

但是 $\quad \Delta z - [f_x(0,0)\Delta x + f_y(0,0)\Delta y] = \dfrac{\Delta x\Delta y}{\sqrt{(\Delta x)^2 + (\Delta y)^2}},$

如果考虑点 $P'(\Delta x, \Delta y)$ 沿直线 $y = x$ 趋于 $(0,0)$,则

$$\lim_{\substack{\Delta x \to 0 \\ \Delta y \to 0}}\frac{\dfrac{\Delta x\Delta y}{\sqrt{(\Delta x)^2 + (\Delta y)^2}}}{\rho} = \lim_{\substack{\Delta x \to 0 \\ \Delta y \to 0}}\frac{\Delta x\Delta y}{(\Delta x)^2 + (\Delta y)^2}$$

$$= \lim_{\Delta x \to 0}\frac{(\Delta x)^2}{(\Delta x)^2 + (\Delta x)^2} = \frac{1}{2}.$$

这表明,它不能随 $\rho \to 0$ 而趋于 0.因此,当 $\rho \to 0$ 时, $\Delta z - [f_x(0,0)\Delta x + f_y(0,0)\Delta y]$ 不是 ρ 的高阶无穷小.因此函数在点 $(0,0)$ 处的

全微分不存在,即在点(0,0)处是不可微的.可见函数偏导数存在,函数也不一定可微分,那么函数满足什么条件才可微分呢?

定理 6.4(充分条件)　如果函数 $z=f(x,y)$ 的偏导数 $\dfrac{\partial z}{\partial x}, \dfrac{\partial z}{\partial y}$ 在点 (x,y) 处连续,则函数 $z=f(x,y)$ 在该点的全微分存在.

习惯上,我们将自变量的增量 $\Delta x, \Delta y$ 分别记作 $\mathrm{d}x, \mathrm{d}y$,并分别称为自变量 x,y 的微分,从而函数 $z=f(x,y)$ 的全微分就可以写为

$$\mathrm{d}z=\frac{\partial z}{\partial x}\mathrm{d}x+\frac{\partial z}{\partial y}\mathrm{d}y.$$

二元函数微分的定义及定理对三元及三元以上的多元函数可以完全类似地加以推广,如对三元函数 $u=f(x,y,z)$,有全微分

$$\mathrm{d}u=\frac{\partial u}{\partial x}\mathrm{d}x+\frac{\partial u}{\partial y}\mathrm{d}y+\frac{\partial u}{\partial z}\mathrm{d}z.$$

【例 6.4.2】　计算函数 $z=x^2y+y^2$ 的全微分.

分析:先求出 $\dfrac{\partial z}{\partial x}, \dfrac{\partial z}{\partial y}$,将其代入全微分公式 $\mathrm{d}z=\dfrac{\partial z}{\partial x}\mathrm{d}x+\dfrac{\partial z}{\partial y}\mathrm{d}y$ 即可.

解:因为　　　　　　　$\dfrac{\partial z}{\partial x}=2xy, \dfrac{\partial z}{\partial y}=x^2+2y,$

所以　　　　　　　$\mathrm{d}z=2xy\mathrm{d}x+(x^2+2y)\mathrm{d}y.$

【例 6.4.3】　计算函数 $z=\mathrm{e}^{xy}$ 在点 $(2,1)$ 处的全微分.

分析:先求出偏导数 $\dfrac{\partial z}{\partial x}, \dfrac{\partial z}{\partial y}$ 在点 $(2,1)$ 处的值,再将其代入全微分公式 $\mathrm{d}z=\dfrac{\partial z}{\partial x}\mathrm{d}x+\dfrac{\partial z}{\partial y}\mathrm{d}y.$

解:因为　　　　　　　$\dfrac{\partial z}{\partial x}=y\mathrm{e}^{xy}, \dfrac{\partial z}{\partial y}=x\mathrm{e}^{xy},$

$$\frac{\partial z}{\partial x}\bigg|_{\substack{x=2\\y=1}}=\mathrm{e}^2, \quad \frac{\partial z}{\partial y}\bigg|_{\substack{x=2\\y=1}}=2\mathrm{e}^2,$$

所以　　　　　　　$\mathrm{d}z\bigg|_{\substack{x=2\\y=1}}=\mathrm{e}^2\mathrm{d}x+2\mathrm{e}^2\mathrm{d}y.$

【例 6.4.4】　设函数 $u=x+\sin\dfrac{y}{3}+\mathrm{e}^{yz}$,求全微分 $\mathrm{d}u$.

分析:所给函数为三元函数,先求出偏导数 $\dfrac{\partial u}{\partial x}, \dfrac{\partial u}{\partial y}, \dfrac{\partial u}{\partial z}$,再将其代入全微分公式 $\mathrm{d}u=\dfrac{\partial u}{\partial x}\mathrm{d}x+\dfrac{\partial u}{\partial y}\mathrm{d}y+\dfrac{\partial u}{\partial z}\mathrm{d}z.$

解:因为　$\dfrac{\partial u}{\partial x}=1, \dfrac{\partial u}{\partial y}=\dfrac{1}{3}\cos\dfrac{y}{3}+z\mathrm{e}^{yz}, \dfrac{\partial u}{\partial z}=y\mathrm{e}^{yz},$

所以　　　　　　　$\mathrm{d}u=\dfrac{\partial u}{\partial x}\mathrm{d}x+\dfrac{\partial u}{\partial y}\mathrm{d}y+\dfrac{\partial u}{\partial z}\mathrm{d}z,$

$$=\mathrm{d}x+\left(\frac{1}{3}\cos\frac{y}{3}+z\mathrm{e}^{yz}\right)\mathrm{d}y+y\mathrm{e}^{yz}\mathrm{d}z.$$

6.4.2　全微分在近似计算中的应用

当二元函数 $z=f(x,y)$ 在点 $P(x,y)$ 处的两个偏导数 $f_x(x,y)$，$f_y(x,y)$ 连续，并且 $|\Delta x|$，$|\Delta y|$ 都较小时，有近似等式

$$\Delta z \approx \mathrm{d}z = f_x(x,y)\Delta x + f_y(x,y)\Delta y,$$

即　　　　$f(x+\Delta x,y+\Delta y) \approx f(x,y) + f_x(x,y)\Delta x + f_y(x,y)\Delta y.$

我们可以利用上述近似式对二元函数做近似计算和误差估计.

【例 6.4.5】　有一圆柱体,受压后发生形变,它的半径由 20cm 增大到 20.05cm,高度由 100cm 减少到 99cm.求此圆柱体体积变化的近似值.

分析: 先写出体积表达式,再利用上述近似式进行计算.

解: 设圆柱体的底面半径、高和体积依次为 r,h 和 V,则有

$$V = \pi r^2 h.$$

已知 $r=20,h=100,\Delta r=0.05,\Delta h=-1$.根据近似公式,有

$$\Delta V \approx \mathrm{d}V = V_r\Delta r + V_h\Delta h = 2\pi rh\Delta r + \pi r^2\Delta h$$

$$= 2\pi \times 20 \times 100 \times 0.05 + \pi \times 20^2 \times (-1)\ \mathrm{cm}^3 = -200\pi\mathrm{cm}^3.$$

即此圆柱体在受压后体积约减少了 $200\pi\mathrm{cm}^3$.

【例 6.4.6】　计算 $(1.04)^{2.02}$ 的近似值.

分析: 设函数 $f(x,y)=x^y$.要计算的值就是函数 $f(x,y)$ 在 $x=1.04,y=2.02$ 处的函数值 $f(1.04,2.02)$,利用公式 $f(x+\Delta x,y+\Delta y) \approx f(x,y) + f_x(x,y)\Delta x + f_y(x,y)\Delta y$ 进行近似计算.

解: 设函数 $f(x,y)=x^y.x=1,y=2,\Delta x=0.04,\Delta y=0.02$,

$$f(x+\Delta x,y+\Delta y) \approx f(x,y) + f_x(x,y)\Delta x + f_y(x,y)\Delta y$$

$$= f(x,y) + yx^{y-1}\Delta x + x^y\ln x\Delta y.$$

所以

$$(1.04)^{2.02} \approx 1^2 + 2 \times 1^{2-1} \times 0.04 + 1^2 \times \ln 1 \times 0.02 = 1.08.$$

在前面的章节中,我们学习了一元复合函数的求导法则,对于多元复合函数,比如二元复合函数 $z=u^v,u=3x^2+y^2,v=4x+2y,z$ 对 x,y 的偏导数该怎样计算?下节会针对不同的复合函数类型,给出对应的求导法则.

练习 6.4

1. 求下列函数的全微分.

（1）$z=xy+\dfrac{x}{y}$；　（2）$z=\dfrac{y}{\sqrt{x^2+y^2}}$；　（3）$z=x\cos(x-y)$；

（4）$z=\mathrm{e}^{xy}$；　　　（5）$u=x^{yz}$；　　　（6）$u=\ln(x^2+y^2+z^2)$；

2. 求函数 $z=\ln(1+x^2+y^2)$ 在 $x=1,y=2$ 处的全微分.

3. 求函数 $z=\dfrac{y}{x}$ 当 $x=2$，$y=1$，$\Delta x=0.1$，$\Delta y=-0.2$ 时的全增量和全微分.

4. 利用全微分计算 $\sqrt{(1.02)^3+(1.97)^3}$ 的近似值.

5. 计算 $(1.97)^{1.05}$ 的近似值($\ln 2\approx 0.693$).

6.5　多元复合函数和隐函数的求导法则

📖 **多元复合函数和隐函数求导法则**

预备知识：一元复合函数的求导法则：$y=f(u)$，$u=\varphi(x)$，$\dfrac{\mathrm{d}y}{\mathrm{d}x}=\dfrac{\mathrm{d}y}{\mathrm{d}u}\cdot\dfrac{\mathrm{d}u}{\mathrm{d}x}$；由方程 $F(x,y)=0$ 确定的隐函数 $y=f(x)$ 的导数的求法：在方程两端同时对 x 求导，将 y 视作中间变量.

6.5.1　多元复合函数的求导法则

我们将一元函数微分学中复合函数的求导法则推广到多元复合函数中，按照多元复合函数不同的复合情形，主要分成以下三种情形讨论.

（1）一元函数与多元函数复合的情形

定理 6.5　如果函数 $u=\varphi(t)$ 及 $v=\psi(t)$ 都在点 t 处可导，且函数 $z=f(u,v)$ 在对应点 (u,v) 具有连续偏导数，则复合函数 $z=f[\varphi(t),\psi(t)]$ 在点 t 可导，且有

$$\frac{\mathrm{d}z}{\mathrm{d}t}=\frac{\partial z}{\partial u}\frac{\mathrm{d}u}{\mathrm{d}t}+\frac{\partial z}{\partial v}\frac{\mathrm{d}v}{\mathrm{d}t}.$$

证明：设 t 有增量 Δt，则函数 $u=\varphi(t)$ 及 $v=\psi(t)$ 的对应增量为 Δu，Δv，此时函数 $z=f(u,v)$ 相应地获得增量 Δz.

又由于函数 $z=f(u,v)$ 在点 (u,v) 处可微，于是

$$\Delta z=\frac{\partial f}{\partial u}\Delta u+\frac{\partial f}{\partial v}\Delta v+\varepsilon_1\Delta u+\varepsilon_2\Delta v,$$

这里，当 $\Delta u\to 0$，$\Delta v\to 0$ 时，$\varepsilon_1\to 0$，$\varepsilon_2\to 0$.上式两边除以 Δt 得

$$\frac{\Delta z}{\Delta t}=\frac{\partial f}{\partial u}\frac{\Delta u}{\Delta t}+\frac{\partial f}{\partial v}\frac{\Delta v}{\Delta t}+\varepsilon_1\frac{\Delta u}{\Delta t}+\varepsilon_2\frac{\Delta v}{\Delta t},$$

当 $\Delta t\to 0$ 时，$\Delta u\to 0$，$\Delta v\to 0$，$\dfrac{\Delta u}{\Delta t}\to\dfrac{\mathrm{d}u}{\mathrm{d}t}$，$\dfrac{\Delta v}{\Delta t}\to\dfrac{\mathrm{d}v}{\mathrm{d}t}$，

所以

$$\frac{\mathrm{d}z}{\mathrm{d}t}=\lim_{\Delta t\to 0}\frac{\Delta z}{\Delta t}=\frac{\partial f}{\partial u}\frac{\mathrm{d}u}{\mathrm{d}t}+\frac{\partial f}{\partial v}\frac{\mathrm{d}v}{\mathrm{d}t},$$

即

$$\frac{\mathrm{d}z}{\mathrm{d}t}=\frac{\partial f}{\partial u}\frac{\mathrm{d}u}{\mathrm{d}t}+\frac{\partial f}{\partial v}\frac{\mathrm{d}v}{\mathrm{d}t}=\frac{\partial z}{\partial u}\frac{\mathrm{d}u}{\mathrm{d}t}+\frac{\partial z}{\partial v}\frac{\mathrm{d}v}{\mathrm{d}t}.$$

此时, $\dfrac{\mathrm{d}z}{\mathrm{d}t}=\dfrac{\partial z}{\partial u}\dfrac{\mathrm{d}u}{\mathrm{d}t}+\dfrac{\partial z}{\partial v}\dfrac{\mathrm{d}v}{\mathrm{d}t}$ 从形式上看是全微分 $\mathrm{d}z=\dfrac{\partial z}{\partial u}\mathrm{d}u+\dfrac{\partial z}{\partial v}\mathrm{d}v$ 两

边除以 $\mathrm{d}t$ 得到的, 所以常将 $\dfrac{\mathrm{d}z}{\mathrm{d}t}$ 称为全导数.

定理 6.5 中, 函数 z 通过中间变量 u,v 与自变量 t 相关联, 其复合关系如图 6-13 所示.

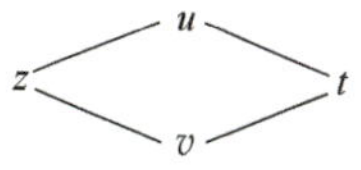

用类似的方法, 可以把定理 6.5 的结论推广到复合函数的中间变量多于两个的情形. 例如, 由 $z=f(u,v,w),u=\varphi(t),v=\psi(t),w=\omega(t)$ 复合而成的函数 $z=f[\varphi(t),\psi(t),\omega(t)]$ 满足该定理类似的条件, 则有全导数公式

$$\frac{\mathrm{d}z}{\mathrm{d}t}=\frac{\partial z}{\partial u}\frac{\mathrm{d}u}{\mathrm{d}t}+\frac{\partial z}{\partial v}\frac{\mathrm{d}v}{\mathrm{d}t}+\frac{\partial z}{\partial w}\frac{\mathrm{d}w}{\mathrm{d}t}.$$

（2）多元函数与多元函数复合的情形

定理 6.6　如果函数 $u=\varphi(x,y)$ 及 $v=\psi(x,y)$ 在点 (x,y) 具有对 x 及对 y 的偏导数, 函数 $z=f(u,v)$ 在对应点 (u,v) 处具有连续偏导数, 则复合函数 $z=f[\varphi(x,y),\psi(x,y)]$ 在点 (x,y) 处的两个偏导数存在, 且有公式

$$\frac{\partial z}{\partial x}=\frac{\partial z}{\partial u}\frac{\partial u}{\partial x}+\frac{\partial z}{\partial v}\frac{\partial v}{\partial x};$$

$$\frac{\partial z}{\partial y}=\frac{\partial z}{\partial u}\frac{\partial u}{\partial y}+\frac{\partial z}{\partial v}\frac{\partial v}{\partial y}.$$

事实上, 定理中求 $\dfrac{\partial z}{\partial x}$ 时, 将 y 看作常量, 因此 $u=\varphi(x,y)$ 及 $v=\psi(x,y)$ 仍可看作一元函数而应用定理 6.5. 但由于复合函数 $z=f[\varphi(x,y),\psi(x,y)]$ 及 $u=\varphi(x,y)$ 和 $v=\psi(x,y)$ 都是 x,y 的二元函数, 所以将定理 6.5 结论中的 d 改为 ∂, 将 t 换成 x 即可. 同理可求 $\dfrac{\partial z}{\partial y}$.

定理 6.6 中函数的复合关系如图 6-14 所示:

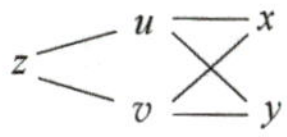

与定理 6.5 类似, 定理 6.6 也可推广到复合函数的中间变量多于两个的情形. 例如, 设由 $z=f(u,v,w),u=\varphi(x,y),v=\psi(x,y),w=\omega(x,y)$ 复合而成的复合函数 $z=f[\varphi(x,y),\psi(x,y),\omega(x,y)]$ 满足定理 6.6 类似的条件, 则有全导数公式

$$\frac{\partial z}{\partial x}=\frac{\partial z}{\partial u}\frac{\partial u}{\partial x}+\frac{\partial z}{\partial v}\frac{\partial v}{\partial x}+\frac{\partial z}{\partial w}\frac{\partial w}{\partial x};$$

$$\frac{\partial z}{\partial y}=\frac{\partial z}{\partial u}\frac{\partial u}{\partial y}+\frac{\partial z}{\partial v}\frac{\partial v}{\partial y}+\frac{\partial z}{\partial w}\frac{\partial w}{\partial y}.$$

（3）其他情形

定理 6.7　如果函数 $z=f(u,x,y)$ 可微, $u=\varphi(x,y)$ 在点 (x,y) 处具有对 x 及对 y 的偏导数, 则复合函数 $z=f[\varphi(x,y),x,y]$ 在点 (x,y) 的偏导数存在, 且有公式

图　6-13

图　6-14

$$\frac{\partial z}{\partial x}=\frac{\partial f}{\partial u}\frac{\partial u}{\partial x}+\frac{\partial f}{\partial x};$$

$$\frac{\partial z}{\partial y}=\frac{\partial f}{\partial u}\frac{\partial u}{\partial y}+\frac{\partial f}{\partial y}.$$

事实上,该情形可看作情形 2 中当 $v=x,w=y$ 的特殊情形,因此

$$\frac{\partial v}{\partial x}=1,\quad \frac{\partial w}{\partial x}=0,\quad \frac{\partial v}{\partial y}=0,\quad \frac{\partial w}{\partial y}=1.$$

由定理 6.6 的推广公式可得结论.

此处需注意 $\dfrac{\partial z}{\partial x}$ 与 $\dfrac{\partial f}{\partial x}$ 的区别:

$\dfrac{\partial z}{\partial x}$ 是把函数 $f[\varphi(x,y),x,y]$ 中的 y 看成常数,对 x 求偏导数;

$\dfrac{\partial f}{\partial x}$ 是把 $f(u,x,y)$ 中的 u,y 看成常数,对 x 求偏导数.前者是复合后对 x 的偏导数,后者是复合前对 x 的偏导数.

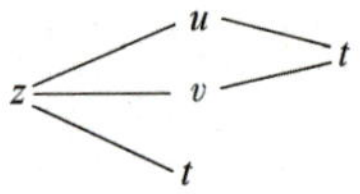

图 6-15

【例 6.5.1】 设函数 $z=uv+\sin t$,而 $u=\mathrm{e}^t,v=\cos t$,求全导数 $\dfrac{\mathrm{d}z}{\mathrm{d}t}$.

分析:画出函数的复合关系图,如图 6-15 所示,利用情形 3 的结论处理问题.

解:
$$\frac{\mathrm{d}z}{\mathrm{d}t}=\frac{\partial z}{\partial u}\frac{\mathrm{d}u}{\mathrm{d}t}+\frac{\partial z}{\partial v}\frac{\mathrm{d}v}{\mathrm{d}t}+\frac{\partial z}{\partial t}$$
$$=v\mathrm{e}^t+u(-\sin t)+\cos t$$
$$=\mathrm{e}^t(\cos t-\sin t)+\cos t.$$

【例 6.5.2】 设函数 $z=u^v$,而 $u=3x^2+y^2,v=4x+2y$,求: $\dfrac{\partial z}{\partial x},\dfrac{\partial z}{\partial y}$.

分析:先画出复合关系图,如图 6-16 所示,利用定理 6.6 求解.

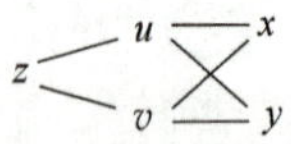

解:

图 6-16

$$\frac{\partial z}{\partial x}=\frac{\partial z}{\partial u}\frac{\partial u}{\partial x}+\frac{\partial z}{\partial v}\frac{\partial v}{\partial x}$$
$$=vu^{v-1}\cdot 6x+u^v\ln u\cdot 4$$
$$=6x(4x+2y)(3x^2+y^2)^{4x+2y-1}+4(3x^2+y^2)^{4x+2y}\ln(3x^2+y^2);$$

$$\frac{\partial z}{\partial y}=\frac{\partial z}{\partial u}\frac{\partial u}{\partial y}+\frac{\partial z}{\partial v}\frac{\partial v}{\partial y}$$
$$=vu^{v-1}\cdot 2y+2u^v\ln u$$
$$=2y(4x+2y)(3x^2+y^2)^{4x+2y-1}+2(3x^2+y^2)^{4x+2y}\ln(3x^2+y^2).$$

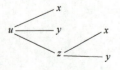

图 6-17

【例 6.5.3】 设函数 $u=f(x,y,z)=\mathrm{e}^{x^2+y^2+z^2}$,而 $z=x^2\sin y$,求: $\dfrac{\partial u}{\partial x}$ 和 $\dfrac{\partial u}{\partial y}$.

分析:先画出复合关系图,如图 6-17 所示,利用情形 3 结论.

解：
$$\frac{\partial u}{\partial x}=\frac{\partial f}{\partial x}+\frac{\partial f}{\partial z}\frac{\partial z}{\partial x}=2xe^{x^2+y^2+z^2}+2ze^{x^2+y^2+z^2}\cdot 2x\sin y$$
$$=2x(1+2x^2\sin^2 y)e^{x^2+y^2+x^4\sin^2 y}.$$
$$\frac{\partial u}{\partial y}=\frac{\partial f}{\partial y}+\frac{\partial f}{\partial z}\frac{\partial z}{\partial y}=2ye^{x^2+y^2+z^2}+2ze^{x^2+y^2+z^2}\cdot x^2\cos y$$
$$=2(y+x^4\sin y\cos y)e^{x^2+y^2+x^4\sin^2 y}.$$

【例 6.5.4】　设抽象函数 $w=f(x-y^2+z,e^{xy})$，其中 f 的偏导数连续，求：$\dfrac{\partial w}{\partial x},\dfrac{\partial w}{\partial y},\dfrac{\partial w}{\partial z}.$

分析：引入中间变量 $u=x-y^2+z,v=e^{xy}$，画出复合关系图，如图 6-18 所示，利用情形 2 结论.

解：记 $u=x-y^2+z,v=e^{xy}$，则

$$\frac{\partial w}{\partial x}=\frac{\partial w}{\partial u}\frac{\partial u}{\partial x}+\frac{\partial w}{\partial v}\frac{\partial v}{\partial x}=f'_1+ye^{xy}f'_2;$$

$$\frac{\partial w}{\partial y}=\frac{\partial w}{\partial u}\frac{\partial u}{\partial y}+\frac{\partial w}{\partial v}\frac{\partial v}{\partial y}=f'_1\cdot(-2y)+f'_2\cdot xe^{xy}=-2yf'_1+xe^{xy}f'_2;$$

$$\frac{\partial w}{\partial z}=\frac{\partial w}{\partial u}\frac{\partial u}{\partial z}=f'_1;$$

图　6-18

其中 $f'_1=\dfrac{\partial w}{\partial u}=\dfrac{\partial f(u,v)}{\partial u},f'_2=\dfrac{\partial w}{\partial v}=\dfrac{\partial f(u,v)}{\partial v}.$

【例 6.5.5】　设复合函数 $z=f\left(2x+3y,\dfrac{x}{y}\right)$，其中，$f(u,v)$ 对 u,v 具有二阶连续偏导数，求：$\dfrac{\partial^2 z}{\partial x\partial y}.$

例 6.5.5

分析：先求 $\dfrac{\partial z}{\partial x}=\dfrac{\partial z}{\partial u}\dfrac{\partial u}{\partial x}+\dfrac{\partial z}{\partial v}\dfrac{\partial v}{\partial x}=2f'_1+\dfrac{1}{y}f'_2$，在此基础上再对 y 求偏导数，需要注意的是，f'_1 和 f'_2 与函数 $z=f\left(2x+3y,\dfrac{x}{y}\right)$ 的复合关系图完全相同，如图 6-19 所示.

解：$\dfrac{\partial z}{\partial x}=\dfrac{\partial z}{\partial u}\dfrac{\partial u}{\partial x}+\dfrac{\partial z}{\partial v}\dfrac{\partial v}{\partial x}=2f'_1+\dfrac{1}{y}f'_2;$

$$\frac{\partial^2 z}{\partial x\partial y}=\frac{\partial}{\partial y}\left(2f'_1+\frac{1}{y}f'_2\right)=2\frac{\partial f'_1}{\partial y}+\frac{\partial}{\partial y}\left(\frac{1}{y}f'_2\right)$$

$$=2\left[f''_{11}\cdot 3+f''_{12}\cdot\left(-\frac{x}{y^2}\right)\right]-\frac{1}{y^2}f'_2+\frac{1}{y}\left[f''_{21}\cdot 3+f''_{22}\cdot\left(-\frac{x}{y^2}\right)\right]$$

$$=6f''_{11}-\frac{x}{y^3}f''_{22}+\frac{3y-2x}{y^2}f''_{12}-\frac{1}{y^2}f'_2.$$

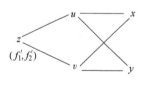

图　6-19

其中，$f''_{11}=\dfrac{\partial^2 z}{\partial u^2},f''_{12}=\dfrac{\partial^2 z}{\partial u\partial v},f''_{21}=\dfrac{\partial^2 z}{\partial v\partial u},f''_{22}=\dfrac{\partial^2 z}{\partial v^2}.$

6.5.2　全微分形式不变性

设函数 $z=f(u,v)$ 具有连续的偏导数，则全微分为

$$dz = \frac{\partial z}{\partial u}du + \frac{\partial z}{\partial v}dv.$$

若函数 $u = \varphi(x,y)$, $v = \psi(x,y)$ 有连续的偏导数,则复合函数 $z = f[\varphi(x,y),\psi(x,y)]$ 的全微分为

$$\begin{aligned}
dz &= \frac{\partial z}{\partial x}dx + \frac{\partial z}{\partial y}dy \\
&= \left(\frac{\partial z}{\partial u}\frac{\partial u}{\partial x} + \frac{\partial z}{\partial v}\frac{\partial v}{\partial x}\right)dx + \left(\frac{\partial z}{\partial u}\frac{\partial u}{\partial y} + \frac{\partial z}{\partial v}\frac{\partial v}{\partial y}\right)dy \\
&= \frac{\partial z}{\partial u}\left(\frac{\partial u}{\partial x}dx + \frac{\partial u}{\partial y}dy\right) + \frac{\partial z}{\partial v}\left(\frac{\partial v}{\partial x}dx + \frac{\partial v}{\partial y}dy\right) \\
&= \frac{\partial z}{\partial u}du + \frac{\partial z}{\partial v}dv.
\end{aligned}$$

可见,无论 z 是自变量 x,y 的函数还是中间变量 u,v 的函数,它的全微分形式是一样的,这个性质叫作**全微分形式不变性**.

【例 6.5.6】 利用全微分形式不变性求微分 $dz = d(e^u \sin v)$,其中, $u = xy$, $v = x+y$.

分析:利用全微分形式不变性 $dz = \frac{\partial z}{\partial u}du + \frac{\partial z}{\partial v}dv$,求出 du, dv,代入整理即可.

解:因为 $dz = d(e^u \sin v) = e^u \sin v \, du + e^u \cos v \, dv$,

又因为 $du = d(xy) = y dx + x dy$, $dv = d(x+y) = dx + dy$,

所以　$dz = e^u \sin v \cdot (y dx + x dy) + e^u \cos v (dx + dy)$

$= (e^u \sin v \cdot y + e^u \cos v) dx + (e^u \sin v \cdot x + e^u \cos v) dy$

$= e^{xy}[y \sin(x+y) + \cos(x+y)] dx + e^{xy}[x \sin(x+y) + \cos(x+y)] dy.$

若先求出 $\frac{\partial z}{\partial x} = e^{xy}[y \sin(x+y) + \cos(x+y)]$, $\frac{\partial z}{\partial y} = e^{xy}[x \sin(x+y) + \cos(x+y)]$,再代入公式 $dz = \frac{\partial z}{\partial x}dx + \frac{\partial z}{\partial y}dy$,则结果完全一样.

6.5.3　隐函数求导法则

在一元函数微分学中,我们介绍了求由方程 $F(x,y) = 0$ 所确定的隐函数的求导方法.现在介绍隐函数存在定理,并根据多元复合函数的求导法则来推导隐函数的求导公式.

隐函数存在定理 1　设函数 $F(x,y)$ 满足条件:

(1) 在点 $P_0(x_0,y_0)$ 的某一邻域内具有连续偏导数;

(2) $F(x_0,y_0) = 0$;

(3) $F_y(x_0,y_0) \neq 0$,

则方程 $F(x,y) = 0$ 在点 (x_0,y_0) 的某一邻域内恒能唯一确定一个连续且具有连续导数的函数 $y = f(x)$,它满足条件 $y_0 = f(x_0)$,并有导数公式

$$\frac{\mathrm{d}y}{\mathrm{d}x} = -\frac{F_x}{F_y}.$$

这个定理我们不证,仅就上述公式作如下推导.

将方程 $F(x,y)=0$ 所确定的函数 $y=f(x)$ 代入原方程,得恒等式

$$F(x,f(x)) \equiv 0,$$

等式两边对 x 求导即得

$$\frac{\partial F}{\partial x} + \frac{\partial F}{\partial y}\frac{\mathrm{d}y}{\mathrm{d}x} = 0.$$

由于 F_y 连续,且 $F_y(x_0,y_0) \neq 0$,从而存在 (x_0,y_0) 的一个邻域,在这个邻域内,$F_y \neq 0$,于是得,

$$\frac{\mathrm{d}y}{\mathrm{d}x} = -\frac{F_x}{F_y}.$$

求偏导数 F_x 时,将函数 $F(x,y)$ 中的 y 视为常数,对 x 求偏导数;求偏导数 F_y 时,将函数 $F(x,y)$ 中的 x 视为常数,对 y 求偏导数.

如果 $F(x,y)$ 的二阶偏导数也都连续,那么可以将等式 $\dfrac{\mathrm{d}y}{\mathrm{d}x} = -\dfrac{F_x}{F_y}$ 的两端分别对 x 求导,右端看作 x 的复合函数,得到 $\dfrac{\mathrm{d}^2y}{\mathrm{d}x^2}$.

【例 6.5.7】　验证方程 $y=xe^y+1$ 在点 $(0,1)$ 的某一邻域内能唯一确定一个单值连续且具有连续导数的隐函数 $y=f(x)$,当 $x=0$ 时,$y=1$,并求这个函数的一阶与二阶导数在 $x=0$ 处的导数值.

分析:构造函数 $F(x,y)=xe^y-y+1$,验证函数是否满足隐函数存在定理 1 中的条件(1)~(3),若满足,根据该定理的公式求出一阶导数,二阶导数可在一阶导数的基础上再对 x 求导.

解:设函数 $F(x,y)=xe^y-y+1$,则 $F_x=e^y$,$F_y=xe^y-1$,显然偏导数连续,且 $F(0,1)=0$,又 $F_y(0,1)=-1\neq 0$,因此方程 $y=xe^y+1$ 在点 $(0,1)$ 的邻域内能唯一确定一个连续且具有连续导数的隐函数 $y=f(x)$,当 $x=0$ 时,$y=1$.有导数

$$\frac{\mathrm{d}y}{\mathrm{d}x} = -\frac{F_x}{F_y} = \frac{e^y}{1-xe^y} = \frac{e^y}{2-y},$$

$$\left.\frac{\mathrm{d}y}{\mathrm{d}x}\right|_{\substack{x=0\\y=1}} = e.$$

二阶导数为　$\dfrac{\mathrm{d}^2y}{\mathrm{d}x^2} = \dfrac{e^y y'(2-y)+e^y y'}{(2-y)^2} = \dfrac{e^y(3-y)}{(2-y)^2}y' = \dfrac{e^{2y}(3-y)}{(2-y)^3},$

$$\left.\frac{\mathrm{d}^2y}{\mathrm{d}x^2}\right|_{\substack{x=0\\y=1}} = \frac{e^2(3-1)}{(2-1)^3} = 2e^2.$$

隐函数存在定理还可以推广到多元函数.一个二元方程 $F(x,y)=0$ 可以确定一个一元隐函数,那么一个三元方程 $F(x,y,z)=0$ 可以确定一个二元隐函数.

隐函数存在定理 2　设函数 $F(x,y,z)$ 满足:

(1) 在点 $P(x_0,y_0,z_0)$ 的某一邻域内具有连续偏导数;

(2) $F(x_0,y_0,z_0)=0$;

(3) $F_z(x_0,y_0,z_0)\neq 0$

则方程 $F(x,y,z)=0$ 在点 $P(x_0,y_0,z_0)$ 的某一邻域内恒能唯一确定一个连续且具有连续偏导数的函数 $z=f(x,y)$,它满足条件 $z_0=f(x_0,y_0)$,并有

$$\frac{\partial z}{\partial x}=-\frac{F_x}{F_z},\frac{\partial z}{\partial y}=-\frac{F_y}{F_z}.$$

这个定理我们不证,与隐函数存在定理 1 类似,仅就上述公式作如下推导.

由于　　　　　　　　$F(x,y,f(x,y))\equiv 0$

将上式两端分别对 x 和 y 求导,得

$$F_x+F_z\cdot\frac{\partial z}{\partial x}=0,F_y+F_z\cdot\frac{\partial z}{\partial y}=0.$$

因为 F_z 连续且 $F_z(x_0,y_0,z_0)\neq 0$,所以存在点 (x_0,y_0,z_0) 的一个邻域,在这个邻域内,$F_z\neq 0$,于是得

$$\frac{\partial z}{\partial x}=-\frac{F_x}{F_z},\frac{\partial z}{\partial y}=-\frac{F_y}{F_z}.$$

【例 6.5.8】　已知方程 $x^2+y^2+z^2-4z=0$,求:$\dfrac{\partial z}{\partial x},\dfrac{\partial z}{\partial y},\dfrac{\partial^2 z}{\partial x^2},\dfrac{\partial^2 z}{\partial x\partial y}$.

分析:方法 1:构造函数 $F(x,y,z)=x^2+y^2+z^2-4z$,验证该函数是否满足隐函数存在定理 2 中的条件,利用公式求出 $\dfrac{\partial z}{\partial x},\dfrac{\partial z}{\partial y}$,求得的 $\dfrac{\partial z}{\partial x}$ 分别对 x 和 y 求偏导数,可得 $\dfrac{\partial^2 z}{\partial x^2},\dfrac{\partial^2 z}{\partial x\partial y}$.方法 2:在求一阶偏导数时,可以将 z 看作关于 x,y 的二元函数,在方程两端分别对 x,y 求导.

解:(方法 1)　设 $F(x,y,z)=x^2+y^2+z^2-4z$,则

$$F_x=2x,F_y=2y,F_z=2z-4,$$

于是

$$\frac{\partial z}{\partial x}=-\frac{2x}{2z-4}=\frac{x}{2-z},\frac{\partial z}{\partial y}=-\frac{2y}{2z-4}=\frac{y}{2-z}.$$

将 $\dfrac{\partial z}{\partial x}=\dfrac{x}{2-z}$ 两端对 x 求偏导数,得

$$\frac{\partial^2 z}{\partial x^2}=\frac{2-z+x\frac{\partial z}{\partial x}}{(2-z)^2}=\frac{2-z+x\left(\frac{x}{2-z}\right)}{(2-z)^2}=\frac{(2-z)^2+x^2}{(2-z)^3}.$$

将 $\dfrac{\partial z}{\partial x}=\dfrac{x}{2-z}$ 两端对 y 求偏导数,得

$$\frac{\partial^2 z}{\partial x \partial y} = \frac{x \frac{\partial z}{\partial y}}{(2-z)^2} = \frac{x\left(\frac{y}{2-z}\right)}{(2-z)^2} = \frac{xy}{(2-z)^3}.$$

（方法 2）　方程 $x^2 + y^2 + z^2 - 4z = 0$ 两端对 x 求偏导数,得

$$2x + 2z\frac{\partial z}{\partial x} - 4\frac{\partial z}{\partial x} = 0,$$

解得

$$\frac{\partial z}{\partial x} = -\frac{2x}{2z-4} = \frac{x}{2-z},$$

同理得

$$\frac{\partial z}{\partial y} = -\frac{2y}{2z-4} = \frac{y}{2-z}.$$

下面的过程同方法 1.

学习一元函数时,我们研究了极值和最值问题,对于二元函数,其极值和最值该怎样求解? 若要进一步研究满足某些条件的极值,比如求表面积为 a^2 而体积最大的长方体的体积,即条件极值问题,这类问题又该怎样求解?

练习 6.5

1. 设 $z = u\mathrm{e}^v$, 而 $u = x^2 + y^2$, $v = x^3 - y^3$, 求:$\dfrac{\partial z}{\partial x}$, $\dfrac{\partial z}{\partial y}$.

2. 设 $z = u^2\ln v$, 而 $u = \dfrac{x}{y}$, $v = 3x - 2y$, 求:$\dfrac{\partial z}{\partial x}$, $\dfrac{\partial z}{\partial y}$.

3. 设 $z = \mathrm{e}^{x-2y}$, 而 $x = \sin t$, $y = t^3$, 求:$\dfrac{\mathrm{d}z}{\mathrm{d}t}$.

4. 设 $z = \arctan(xy)$, 而 $y = \mathrm{e}^x$, 求:$\dfrac{\mathrm{d}z}{\mathrm{d}x}$.

5. 求下列函数的一阶偏导数(其中 f 具有一阶连续偏导数).

（1）$u = f(x^2 - y^2, \mathrm{e}^{xy})$;　　　　　（2）$u = f\left(\dfrac{x}{y}, \dfrac{y}{z}\right)$;

（3）$u = f(x, xy, xyz)$.

6. 验证 $2\sin(x + 2y - 3z) = x + 2y - 3z$ 满足方程 $\dfrac{\partial z}{\partial x} + \dfrac{\partial z}{\partial y} = 1$.

7. 设 $\ln\sqrt{x^2 + y^2} = \arctan\dfrac{y}{x}$, 求:$\dfrac{\mathrm{d}y}{\mathrm{d}x}$.

8. 设 $\sin y + \mathrm{e}^x - xy^2 = 0$, 求:$\dfrac{\mathrm{d}y}{\mathrm{d}x}$.

9. 设 $\ln\dfrac{z}{y} = \dfrac{x}{z}$, 求:$\dfrac{\partial z}{\partial x}$, $\dfrac{\partial z}{\partial y}$.

10. 设 $x + 2y + z - 2\sqrt{xyz} = 0$, 求:$\dfrac{\partial z}{\partial x}$, $\dfrac{\partial z}{\partial y}$.

6.6　二元函数的极值和最值

二元函数极
值和最值

预备知识:一元函数极值的求法:驻点及一阶导数不存在的点为可能极值点,利用函数在这些点左右两侧一阶导数的符号来进一步确定是否为极值点,是极大值点还是极小值点.闭区间上连续函数最值的求法:比较极值点及区间端点处的函数值,最大的为最大值,最小的为最小值.

在实际问题中,我们往往会遇到求多元函数的最大值、最小值问题.与一元函数类似,多元函数的最大值、最小值与极大值、极小值有密切的关系.本节主要以二元函数为例,讨论多元函数的极值问题.

6.6.1　多元函数的极值及最大值、最小值

定义 6.10　设函数 $z=f(x,y)$ 在点 (x_0,y_0) 的某个邻域内有定义,若对于该邻域内异于 (x_0,y_0) 的任何点 (x,y),总有

$$f(x,y)<f(x_0,y_0),$$

则称函数 $z=f(x,y)$ 在点 (x_0,y_0) 处有极大值,点 (x_0,y_0) 称为函数 $f(x,y)$ 的极大值点;如果总有

$$f(x,y)>f(x_0,y_0),$$

则称函数 $z=f(x,y)$ 在点 (x_0,y_0) 处有极小值,点 (x_0,y_0) 称为函数 $f(x,y)$ 的极小值点.函数的极大值、极小值统称为**极值**,使函数取得极值的点称为**极值点**.

【例 6.6.1】　证明:函数 $z=2x^2+y^2$ 在点 $(0,0)$ 处有极小值.

分析:很明显,函数在任何异于 $(0,0)$ 的点 (x,y) 处取值都大于 0.

证明:函数在点 $(0,0)$ 处时,$z=0$;而不在点 $(0,0)$ 处时,$z>0$.因此 $z=0$ 是函数的极小值.

【例 6.6.2】　证明:函数 $z=-\sqrt{x^2+y^2}$ 在点 $(0,0)$ 处有极大值.

分析:证明过程与上例类似.

证明:函数在点 $(0,0)$ 处,$z=0$;而当函数不在 $(0,0)$ 时,$z<0$.因此 $z=0$ 是函数的极大值.

【例 6.6.3】　证明:函数 $z=xy$ 在点 $(0,0)$ 处既不取得极大值,也不取得极小值.

证明:因为点 $(0,0)$ 处的函数值为零,而在点 $(0,0)$ 的任一邻域内,总有使函数值为正的点,也有使函数值为负的点.

以上关于二元函数的极值概念,可以推广到 n 元函数中.

二元函数的极值问题,一般可以用偏导数解决.设函数 $z=f(x,y)$ 在点 (x_0,y_0) 处取得极值,如果将函数 $z=f(x,y)$ 中的变量 y 固定,令

$y=y_0$,则 $z=f(x,y)$ 是一元函数,它在 $x=x_0$ 处取得极值.根据一元函数极值存在的必要条件,有 $f_x(x_0,y_0)=0$.同理,有 $f_y(x_0,y_0)=0$.由此,得到下面的定理.

定理 6.8(必要条件)　设函数 $z=f(x,y)$ 在点 (x_0,y_0) 具有偏导数,且在点 (x_0,y_0) 处有极值,则有 $f_x(x_0,y_0)=0,f_y(x_0,y_0)=0$.

证明:不妨设 $z=f(x,y)$ 在点 (x_0,y_0) 处有极大值.根据极大值的定义,在点 (x_0,y_0) 的某邻域内对异于 (x_0,y_0) 的点 (x,y) 都有
$$f(x,y)<f(x_0,y_0),$$
特别地,在该邻域内取 $y=y_0$,对 $x\neq x_0$ 的点,也适合不等式
$$f(x,y_0)<f(x_0,y_0),$$
这表明一元函数 $f(x,y_0)$ 在 $x=x_0$ 处取得极大值,因此必有
$$f_x(x_0,y_0)=0.$$
类似可证 $f_y(x_0,y_0)=0$.

定理 6.8 的结论可类似推广到三元及以上函数的情形,例如,三元函数 $u=f(x,y,z)$ 在点 (x_0,y_0,z_0) 具有偏导数,则它在点 (x_0,y_0,z_0) 处取得极值的必要条件为
$$f_x(x_0,y_0,z_0)=0,f_y(x_0,y_0,z_0)=0,f_z(x_0,y_0,z_0)=0.$$

与一元函数类似,使 $f_x(x_0,y_0)=0,f_y(x_0,y_0)=0$ 同时成立的点 (x_0,y_0) 称为函数 $z=f(x,y)$ 的**驻点**.

定理 6.8 只给出了二元函数有极值的必要条件.那么,我们如何判定二元函数的驻点为极值点呢? 对极值点又如何区分极大值点和极小值点? 我们利用下面的定理解决这些问题.

定理 6.9(充分条件)　设函数 $z=f(x,y)$ 在点 (x_0,y_0) 的某邻域内连续且有一阶及二阶连续偏导数,又 $f_x(x_0,y_0)=0,f_y(x_0,y_0)=0$,令
$$f_{xx}(x_0,y_0)=A,f_{xy}(x_0,y_0)=B,f_{yy}(x_0,y_0)=C,$$
则 $f(x,y)$ 在 (x_0,y_0) 处是否取得极值的条件如下:

(1) $AC-B^2>0$ 时,具有极值,且当 $A<0$ 时有极大值,当 $A>0$ 时有极小值;

(2) $AC-B^2<0$ 时,没有极值;

(3) $AC-B^2=0$ 时,可能有极值,也可能没有极值,需另作讨论.

极值点不一定是驻点,也有可能是偏导数不存在的点.例如,函数 $z=-\sqrt{x^2+y^2}$ 在点 $(0,0)$ 处有极大值,但 $(0,0)$ 不是函数的驻点.因此,在考虑函数的极值问题时,除了要考虑函数的驻点外,如果有偏导数不存在的点,那么对这些点也应当予以考虑.

由此得求解函数 $z=f(x,y)$ 极值的步骤:

第一步,解方程组 $f_x(x_0,y_0)=0,f_y(x_0,y_0)=0$,求得一切实数解,即求得一切驻点;

第二步,对于每一个驻点 (x_0,y_0),求出二阶偏导数的值 A,B 和 C;

第三步,确定 $AC-B^2$ 的符号,按定理 6.9 的结论判定 $f(x_0,y_0)$

是否是极值,是极大值还是极小值;

第四步:考察函数 $f(x,y)$ 是否有偏导数不存在的点,若有,判别是否为极值点.

【例 6.6.4】 求函数 $f(x,y)=x^3-y^3+3x^2+3y^2-9x$ 的极值.

分析:所给函数不存在偏导数不存在的点,按照求解步骤的前三步求解即可.

解:先解方程组

$$\begin{cases} f_x= 3x^2+6x-9=0, \\ f_y=-3y^2+6y=0, \end{cases}$$

求得驻点为 $(1,0),(1,2),(-3,0),(-3,2)$,

再求出二阶偏导函数 $A=f_{xx}=6x+6,B=f_{xy}=0,C=f_{yy}=-6y+6$.

在点 $(1,0)$ 处,$AC-B^2=12\times6=72>0$,又 $A>0$,所以函数在点 $(1,0)$ 处有极小值,$f(1,0)=-5$;

在点 $(1,2)$ 处,$AC-B^2=-72<0$,所以 $f(1,2)$ 不是极值;

在点 $(-3,0)$ 处,$AC-B^2=-72<0$,所以 $f(-3,0)$ 不是极值;

在点 $(-3,2)$ 处,$AC-B^2=72>0$,又 $A<0$,所以函数在点 $(-3,2)$ 处有极大值,$f(-3,2)=31$.

如果函数 $f(x,y)$ 在有界闭区域 D 上连续,则 $f(x,y)$ 在 D 上必能取得最大值和最小值,并且函数的最大值、最小值点必在函数的极值点或在 D 的边界点中取得.因此,要求函数的最值点,我们只需求出函数的驻点和偏导数不存在的点处的函数值,以及边界上的最大值、最小值,然后加以比较即可.

在实际问题中,根据问题的性质,知道函数 $f(x,y)$ 的最值一定在区域 D 的内部取得,而函数在 D 内只有一个驻点,那么可以肯定该驻点处的函数值就是函数 $f(x,y)$ 在 D 上的最值.

【例 6.6.5】 某厂要用铁板做成一个体积为 2m^3 的有盖长方体水箱.当长、宽、高各取多少时,才能使用料最省?

分析:水箱的体积已知,长、宽、高为三个变量,可将长、宽看作自变量,高看作因变量,求得其面积表达式.该表达式为二元函数,问题转化为二元函数的最值问题.

解:设水箱的长为 $x\text{m}$,宽为 $y\text{m}$,则其高应为 $\dfrac{2}{xy}\text{m}$.此水箱所用材料的面积为

$$A=2\left(xy+y\cdot\frac{2}{xy}+x\cdot\frac{2}{xy}\right)=2\left(xy+\frac{2}{x}+\frac{2}{y}\right)\ (x>0,y>0).$$

令 $A_x=2\left(y-\dfrac{2}{x^2}\right)=0,A_y=2\left(x-\dfrac{2}{y^2}\right)=0$,得 $x=\sqrt[3]{2},y=\sqrt[3]{2}$.

根据题意可知,水箱所用材料面积的最小值一定存在,并在开区域 $D=\{(x,y)\,|\,x>0,y>0\}$ 内取得.因为函数在 D 内只有一个驻点,所以,此驻点一定是 A 的最小值点,即当水箱的长为 $\sqrt[3]{2}\text{m}$、宽为

$\sqrt[3]{2}$ m、高为 $\dfrac{2}{\sqrt[3]{2} \times \sqrt[3]{2}} = \sqrt[3]{2}$ m 时,水箱所用的材料最省.

6.6.2 条件极值和拉格朗日乘数法

在研究函数的极值时,如果对函数的自变量除了限制在定义域内取值外,还有其他附加的约束条件,这类极值问题就称为**条件极值问题**.例如,求函数 $z = x^2 + y^2$ 在 $x + y = 1$ 时的极值,这时自变量受到约束,不能在整个函数定义域上求极值,而只能在定义域的一部分,即直线 $x + y = 1$ 上求极值,这就是条件极值问题.有时可以把条件极值转化为无条件极值,如此例从条件中解出 $y = 1 - x$,代入 $z = x^2 + y^2$ 中,得 $z = x^2 + (1-x)^2 = 2x^2 - 2x + 1$,成为一元函数极值问题.但是在很多情形下,将条件极值化为无条件极值并非这样简单,我们另有一种直接寻求条件极值的方法,无须先把问题化为无条件极值问题.此方法即为下面介绍的**拉格朗日乘数法**.

求函数 $z = f(x,y)$ 在条件 $\varphi(x,y) = 0$ 下的可能极值点.

(1)构造辅助函数

$$L(x,y) = f(x,y) + \lambda\varphi(x,y)\,(\lambda \text{ 为常数});$$

(2)求函数 L 对 x,y 的偏导数,并使之为零,与条件 $\varphi(x,y) = 0$ 联立,解方程组

$$\begin{cases} f_x(x,y) + \lambda\varphi_x(x,y) = 0, \\ f_y(x,y) + \lambda\varphi_y(x,y) = 0, \\ \varphi(x,y) = 0, \end{cases}$$

得 x,y,λ,其中,x,y 就是函数在条件 $\varphi(x,y) = 0$ 下的可能的极值点的坐标;

(3)确定所求点是否为极值点,在实际问题中,往往需要根据实际问题本身的性质来判定.

下面我们将拉格朗日乘数法进行推广.求函数 $u = f(x,y,z,t)$ 在条件 $\varphi(x,y,z,t) = 0, \psi(x,y,z,t) = 0$ 下的可能的极值点.

构造辅助函数

$$L(x,y,z,t) = f(x,y,z,t) + \lambda_1\varphi(x,y,z,t) + \lambda_2\psi(x,y,z,t)$$

其中,λ_1, λ_2 为常数,求函数 L 对 x,y,z,t 的偏导数,并使之为零,解方程组

$$\begin{cases} f_x + \lambda_1\varphi_x + \lambda_2\psi_x = 0, \\ f_y + \lambda_1\varphi_y + \lambda_2\psi_y = 0, \\ f_z + \lambda_1\varphi_z + \lambda_2\psi_z = 0, \\ f_t + \lambda_1\varphi_t + \lambda_2\psi_t = 0, \\ \varphi(x,y,z,t) = 0, \\ \psi(x,y,z,t) = 0, \end{cases}$$

得到的 x,y,z 和 t 就是函数 $u = f(x,y,z,t)$ 在条件 $\varphi(x,y,z,t) = 0$,

$\psi(x,y,z,t)=0$ 下的可能的极值点的坐标.

【例 6.6.6】 求表面积为 a^2 而使体积最大的长方体的体积.

分析:这是条件极值问题,利用拉格朗日乘数法进行求解即可.

解:设长方体的三条棱长分别为 x,y,z,则问题就是在条件

$$2xy+2yz+2xz-a^2=0$$

下求函数

$$V=xyz \quad (x>0,y>0,z>0)$$

的最大值.

构造拉格朗日函数

$$L(x,y,z)=xyz+\lambda(2xy+2yz+2xz-a^2),$$

解方程组

$$\begin{cases} L_x(x,y,z)=yz+2\lambda(y+z)=0, \\ L_y(x,y,z)=xz+2\lambda(x+z)=0, \\ L_z(x,y,z)=xy+2\lambda(y+x)=0, \\ 2xy+2yz+2xz=a^2, \end{cases}$$

得

$$x=y=z=\frac{\sqrt{6}}{6}a.$$

这是唯一可能的极值点.由问题本身可知最大值一定存在,所以最大值就在这个可能的极值点处取得,此时 $V=\dfrac{\sqrt{6}}{36}a^3$.

练习 6.6

1. 求下列函数的极值.

(1) $f(x,y)=x^3-4x^2+2xy-y^2$;   (2) $f(x,y)=4(x-y)-x^2-y^2$;

(3) $f(x,y)=e^x(x+y^2+2y)$.

2. 求下列函数在指定条件下的极值.

(1) $z=xy$,当 $2x+y=1$ 时;

(2) $z=x-2y$,当 $x^2+y^2=1$ 时;

*(3) $u=x+y+z$,当 $\dfrac{1}{x}+\dfrac{1}{y}+\dfrac{1}{z}=1,x>0,y>0,z>0$ 时.

3. 要造一个体积等于定数 k 的长方体无盖水池,应如何选择水池的尺寸,才能使它的表面积最小?

4. 已知矩形的周长为 $2P$,将它绕其一边旋转而构成一个立体图形,求使所得立体图形的体积最大的那个矩形的尺寸.

我们学习了多元函数以及多元函数的微分学,那么多元函数的积分是怎样定义的?如何求解?与一元函数积分是否有类似之处?从下章开始,我们将学习多元函数的积分学.

本 章 小 结

$$
多元函数微分学
\begin{cases}
空间曲面
\begin{cases}
空间直角坐标系 \\
常见曲面及方程(平面、旋转曲面、柱面等)
\end{cases} \\[4mm]
多元函数(以\ z=f(x,y)\ 为例)
\begin{cases}
定义,极限\ \lim\limits_{(x,y)\to(x_0,y_0)}f(x,y)=A,连续性 \\[2mm]
偏导数概念:f_x(x,y)=\lim\limits_{\Delta x\to0}\dfrac{f(x+\Delta x,y)-f(x,y)}{\Delta x},求导法则 \\[2mm]
全微分:\mathrm dz=\dfrac{\partial z}{\partial x}\mathrm dx+\dfrac{\partial z}{\partial y}\mathrm dy \\[2mm]
多元复合函数的链式求导法则 \\
\left(比如\ z=f(u,v),u=u(x,y),v=v(x,y)\right. \\[2mm]
\left.\dfrac{\partial z}{\partial x}=\dfrac{\partial z}{\partial u}\dfrac{\partial u}{\partial x}+\dfrac{\partial z}{\partial v}\dfrac{\partial v}{\partial x},\dfrac{\partial z}{\partial y}=\dfrac{\partial z}{\partial u}\dfrac{\partial u}{\partial y}+\dfrac{\partial z}{\partial v}\dfrac{\partial v}{\partial y}\right) \\[2mm]
隐函数的求导法则:F(x,y)=0,\dfrac{\mathrm dy}{\mathrm dx}=-\dfrac{F_x}{F_y} \\[2mm]
多元函数极值的求法 \\
多元函数条件极值的求法 \\
(构造拉格朗日函数\ L(x,y,\lambda)=f(x,y)+\lambda\varphi(x,y))
\end{cases}
\end{cases}
$$

复习题 6

1. 在"充分""必要"和"充分必要"三者中选择一个正确的填入下列空格内.

（1）$f(x,y)$ 在点 (x,y) 可微分是 $f(x,y)$ 在该点连续的_____条件. $f(x,y)$ 在点 (x,y) 连续是 $f(x,y)$ 在该点可微分的_____条件.

（2）$z=f(x,y)$ 在点 (x,y) 的偏导数 $\dfrac{\partial z}{\partial x}$ 及 $\dfrac{\partial z}{\partial y}$ 存在是 $f(x,y)$ 在该点可微分的_____条件. $z=f(x,y)$ 在点 (x,y) 可微分是函数在该点的偏导数 $\dfrac{\partial z}{\partial x}$ 及 $\dfrac{\partial z}{\partial y}$ 存在的_____条件.

（3）$z=f(x,y)$ 的偏导数 $\dfrac{\partial z}{\partial x}$ 及 $\dfrac{\partial z}{\partial y}$ 在点 (x,y) 存在且连续是 $f(x,y)$ 在该点可微分的_____条件.

2. 选择题

（1）函数 $u=\sqrt{\dfrac{x^2+y^2-x}{2x-x^2-y^2}}$ 的定义域为(　　).

A. $x<x^2+y^2\leqslant 2x$　　　　　　B. $x\leqslant x^2+y^2<2x$

C. $x\leqslant x^2+y^2\leqslant 2x$　　　　　　D. $x<x^2+y^2<2x$

(2) 若 $f\left(x+y,\dfrac{y}{x}\right)=x^2-y^2$，则 $f(x,y)=(\quad)$.

A. $(x+y)^2-\left(\dfrac{y}{x}\right)^2$　　　　　　B. $x^2\cdot\dfrac{1-y}{1+y}$

C. $x\cdot\dfrac{1-y}{1+x}$　　　　　　D. x^2-y^2

(3) 函数 $u=\dfrac{1}{\sin x\sin y}$ 的所有间断点是（　　）.

A. $x=y=2n\pi$

B. $x=y=n\pi(n=1,2,3,\cdots)$

C. $x=y=m\pi(m=0,\pm1,\pm2,\cdots)$

D. $x=n\pi,y=m\pi(m=0,\pm1,\pm2,\cdots,n=0,\pm1,\pm2,\cdots)$

(4) $\lim\limits_{(x,y)\to(0,0)}\dfrac{\sin xy}{x}=(\quad)$.

A. 不存在　　　　B. 1　　　　C. 0　　　　D. ∞

(5) 函数 $z=f(x,y)$ 在点 $P_0(x_0,y_0)$ 处间断，则（　　）.

A. 函数在 P_0 处一定无定义

B. 函数在 P_0 处的极限一定不存在

C. 函数在 P_0 处可能有定义，也可能有极限

D. 函数在 P_0 处一定有定义，且有极限，但极限不等于该点的函数值

3. 求函数 $f(x,y)=\dfrac{\sqrt{4x-y^2}}{\ln(1-x^2-y^2)}$ 的定义域，并求 $\lim\limits_{(x,y)\to(\frac{1}{2},0)}f(x,y)$.

4. 证明：极限 $\lim\limits_{(x,y)\to(0,0)}\dfrac{xy^2}{x^2+y^4}$ 不存在.

5. 设

$$f(x,y)=\begin{cases}\dfrac{x^2y}{x^2+y^2},&x^2+y^2\neq 0,\\0,&x^2+y^2=0,\end{cases}$$

求：$f_x(x,y)$ 及 $f_y(x,y)$.

6. 求下列复合函数的偏导数：

(1) 设 $w=f(x+y+z,xyz)$，f 具有二阶连续偏导数，求：$\dfrac{\partial w}{\partial x},\dfrac{\partial^2 w}{\partial x\partial z}$.

(2) $x=e^u\cos v,y=e^u\sin v,z=uv$，求：$\dfrac{\partial z}{\partial x},\dfrac{\partial z}{\partial y}$.

7. 设 $z=\dfrac{y}{f(x^2-y^2)}$，验证：$\dfrac{1}{x}\cdot\dfrac{\partial z}{\partial x}+\dfrac{1}{y}\cdot\dfrac{\partial z}{\partial y}=\dfrac{z}{y^2}$.

8. 设 $z = F\left(\dfrac{y}{x}\right)$，验证：$x\dfrac{\partial z}{\partial x} + y\dfrac{\partial z}{\partial y} = 0$.

9. 函数 $z = z(x, y)$ 由方程 $x^2 + y^2 + z^2 = yf\left(\dfrac{z}{y}\right)$ 所确定，验证：$(x^2 - y^2 - z^2)\dfrac{\partial z}{\partial x} + 2xy\dfrac{\partial z}{\partial y} = 2xz$.

10. 求：(1) 函数 $z = x^2 + y^2 + 1$ 的极值；(2) 函数 $z = x^2 + y^2 + 1$ 在条件 $x + y - 3 = 0$ 下的极值.

11. 求原点与曲面 $z^2 = xy + x - y + 5$ 上的点之间的距离的最小值.

12. 一个仓库的下半部是圆柱形，顶部是圆锥形，半径均为 6m，总的表面积为 200m^2（不包括底面），问：圆柱、圆锥的高各为多少时，仓库的容积最大？

【阅读6】

微积分的发明者之一
——莱布尼茨

戈特弗里德·威廉·莱布尼茨（G.W.Leibniz，1646—1716），德国哲学家、数学家，在数学史和哲学史上都占有重要地位. 他是历史上少见的通才，被誉为 17 世纪的亚里士多德. 他本人是一名律师，经常往返于各大城镇，他创造的许多公式都是在颠簸的马车上完成的. 他和牛顿先后独立发现了微积分，而且他所使用的微积分的数学符号被更广泛地使用. 莱布尼茨的符号被普遍认为更综合，适用范围更加广泛. 莱布尼茨还对二进制的发展做出了贡献.

莱布尼茨在数学上的成就离不开荷兰数学家惠更斯，自从他与惠更斯认识后，他对数学的兴趣越来越强. 之后他又读了帕斯卡、卡罗等数学家的文献，开启了微积分之路.

莱布尼茨与牛顿虽然所在的国家不同，但是却有相同的数学思想；虽然解决问题的背景不同，但是得到了相同的定理. 莱布尼茨在微积分方面的成绩多来自对几何方面的研究，尤其他对于特征三角形的迷恋，这方面的研究对他的帮助很大. 特征三角形现在也被称其为微分三角形，巴罗曾经对其进行过研究，研究的过程和结果出现在他的文献中. 之后，莱布尼茨开始研究特征三角形，在研究期间受到帕斯卡的启发，很多灵感不断闪现，最终，他发现了一种新的特征三角形. 由于莱布尼茨当时还没有发明微积分符号，他就把他的研究结果用语言叙述出来："由一条曲线的法线形成的图形，即将这些法线按坐标方向置于轴上所形成的图形，其面积与曲线绕轴旋转而成的立体的面积成正比."

在 1667 年，莱布尼茨在手稿中应用到了自己在微积分方面的研究内容，但是他的手稿总是很乱的，让常人难以理解. 大约在 17 世纪 80 年代，莱布尼茨对自己之前在微积分方面的手稿进行了整理，将自己获得的结果整理成文，向人们展示了自己的成果. 1684 年，《一种求极大值与极小值和切线的新方法》在《教师学报》发表，莱布尼茨的此次举动为微积分的发展做出了巨大的贡献，让人们认识到微积分的重要性. 这是在数学历史上第一次正式发表有关微积分的文献. 在这篇文献中，莱布尼茨不仅对微积分进行了定义，还发明了相关符号，这些符号被沿用至今. 1686 年，他再次发表了一篇有关积分的论文，名为《深奥的几何与不可分量及无限的分析》.在这篇文章里,他对积分和微分的互逆关系进行了论述.在文中,莱布尼茨给出了摆线方程:$y = \sqrt{2x - x^2} + \int \dfrac{\mathrm{d}x}{\sqrt{2x - x^2}}$,至此我们可以看到他发明的符号,把那些超越曲线表示为方程,并且在论文中对符号进行了解释.他在选择符号的时候是十分用心的,这些符号可以让人们更容易理解,这正是莱布尼茨采用微积分符号的优点所在,也是我们目前仍在用的原因.

莱布尼茨与牛顿到底是谁先发明微积分,在当时引起很大的争论,就算在今天,仍然是数学界的一大公案.但就现有的证据来看,他们在微积分的创建上并没有什么冲突,都是自己独立研究所得,只是研究方法与背景有所差异.牛顿是在研究物理问题时总结出了定理.不同的是,莱布尼茨研究微积分的背景是几何问题.

莱布尼茨在数学符号方面确实花了很大的功夫,他认识到运用好的数学符号能够让学者节省更多的脑力,数学领域的成就还是很依赖有一套好的数学符号的.正是如此,莱布尼茨在符号方面做得比牛顿要好,这一观点经得起时间的验证,至今为止,数学界仍然在使用就已证明他的优势.英国当时因为微积分基本定理创立上的问题,在科学研究中坚持不用莱布尼茨的符号,这是英国数学在之后没有得到很快的发展的原因之一.在莱布尼茨去世前的一段时间,他仍然在从事数学研究的工作.1714年到1716年,他撰写了《微积分的历史和起源》(这篇文章在他在世时并没有发表),把自己如何开始微积分的研究,以及自己在微积分研究方面的想法、思路总结了一下,以此也说明了他在微积分的创立上是具有独立性的.

7

第 7 章

二重积分

在自然科学和生产实践中,有很多几何量和物理量,例如曲顶柱体的体积、平面薄片的质量等,都需要利用积分学的方法解决.

在前面章节,我们已经学习了一元函数定积分的概念和性质、基本定理、计算、几何应用.一元函数的微分学可以推广到多元函数的情形,现在我们把一元函数的定积分推广到多元函数的积分情形.已知定积分是某种确定形式的和式的极限,将这种和式的极限概念推广到定义在区域或曲面上的多元函数的情形,便得到多元函数积分概念.

本章首先从实际问题抽象出二重积分的概念并讨论其性质;然后对直角坐标下的积分区域加以分类,给出在直角坐标下计算二重积分的公式;在极坐标下讨论极点和积分区域的位置关系——极点在积分区域外、极点在积分区域上、极点在积分区域内,确定相应的积分上下限,给出在极坐标下计算二重积分的公式.

7.1 二重积分的概念与性质

预备知识:定积分的概念和基本原理;定积分的求取步骤和方法;积分中值定理的内容和几何、物理意义;$\sum_{i,j=1}^{n} i \times j = \sum_{i=1}^{n} \left(i \times \sum_{j=1}^{n} j \right) = \dfrac{n(n+1)}{2} \sum_{i=1}^{n} i = \dfrac{n^2(n+1)^2}{4}$.

目 二重积分的
概念与性质

7.1.1 二重积分的概念

引例 1 曲顶柱体的体积

设有一立体,它的底是 xOy 平面上的闭区域 D,它的侧面是以 D 的边界曲线为准线而母线平行于 z 轴的柱面,它的顶是曲面 $z = f(x,y)$,这里 $f(x,y) \geqslant 0$ 且在 D 上连续.这种立体叫作曲顶柱体(见图 7-1).现在我们来讨论如何计算曲顶柱体的体积.

第一步,分割.用一组曲线网把 D 分成 n 个小区域 $\Delta\sigma_1, \Delta\sigma_2, \Delta\sigma_3, \cdots, \Delta\sigma_i, \cdots, \Delta\sigma_n$.分别以这些小闭区域的边界曲线为准线,作母线平行于 z 轴的柱面,这些柱面把原来的曲顶柱体分为 n 个细曲

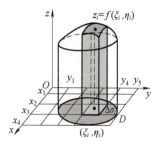

图 7-1

顶柱体.

第二步,近似.在每个 $\Delta\sigma_i$ 中任取一点 (ξ_i,η_i),以 $\Delta\sigma_i$ 为底, $f(\xi_i,\eta_i)$ 为高的平顶柱体的体积为

$$f(\xi_i,\eta_i)\Delta\sigma_i(i=1,2,\cdots,n).$$

▶ 二重积分的定义

第三步,求和.

这 n 个平顶柱体体积之和可以认为是整个曲顶柱体体积的近似值.

$$V\approx\sum_{i=1}^{n}f(\xi_i,\eta_i)\Delta\sigma_i$$

第四步,取极限.为求得曲顶柱体体积的精确值,我们将分割加密,取极限,即

$$V=\lim_{\lambda\to0}\sum_{i=1}^{n}f(\xi_i,\eta_i)\Delta\sigma_i,$$

其中 λ 是每个小区域的直径中的最大值.

引例 2　平面薄片的质量

设有一平面薄片占有 xOy 平面上的闭区域 D(见图 7-2),它在点 (x,y) 处的面密度为 $\rho(x,y)$,这里 $\rho(x,y)\geqslant0$ 且在 D 上连续.现在要计算该薄片的质量 M.

第一步,分割.

用一组曲线网把 D 分成 n 个小区域 $\Delta\sigma_1,\Delta\sigma_2,\Delta\sigma_3,\cdots,$ $\Delta\sigma_i,\cdots,\Delta\sigma_n$.

第二步,近似.

把各小块的质量近似地看作均匀薄片的质量:

$$\rho(\xi_i,\eta_i)\Delta\sigma_i(i=1,2,\cdots,n).$$

第三步,求和.

各小块质量的和作为平面薄片的质量的近似值:

$$m\approx\sum_{i=1}^{n}\rho(\xi_i,\eta_i)\Delta\sigma_i.$$

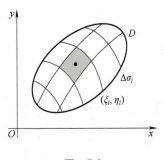

图　7-2

第四步,取极限.

将分割加细,取极限,得到平面薄片的质量:

$$m=\lim_{\lambda\to0}\sum_{i=1}^{n}\rho(\xi_i,\eta_i)\Delta\sigma_i,$$

其中 λ 是每个小区域的直径中的最大值.

从以上的两个引例可以看出,虽然问题不同,但是经过"分割、近似、求和、取极限"后都可以归结为同一和式的极限.在几何、物理和工程技术中还有大量类似的问题都可以归结为这种类型和式的极限.为了从数学上给出解决这类问题的一般方法,我们抽象出其数学结构的特征,给出二元函数定积分的概念.

定义 7.1　设 $f(x,y)$ 是有界区域 D 上的有界函数,将 D 分成 n 个小区域,用 $\Delta\sigma_i(i=1,2,\cdots,n)$ 代表第 i 个小区域,也代表它的

面积.在每个 $\Delta\sigma_i$ 上取点 (ξ_i,η_i),作乘积 $f(\xi_i,\eta_i)\Delta\sigma_i$,并求和

$\sum_{i=1}^{n}f(\xi_i,\eta_i)\Delta\sigma_i$,此和式称为积分和.用 λ_i 表示 $\Delta\sigma_i$ 的直径,且 $\lambda=$

$\max\{\lambda_1,\lambda_2,\cdots,\lambda_n\}$.如果极限 $\lim\limits_{\lambda\to0}\sum\limits_{i=1}^{n}f(\xi_i,\eta_i)\Delta\sigma_i$ 存在,且与 D 的

分割方法以及 (ξ_i,η_i) 的取法无关,则称 $f(x,y)$ 在平面区域 D 上可

积,并称此极限为 $f(x,y)$ 在 D 上的二重积分,记作 $\iint\limits_{D}f(x,y)\,d\sigma$.其

中,$f(x,y)$ 称为被积函数,$d\sigma$ 称为面积元素,D 称为积分区间.

我们需要注意以下几点.

（1）直角坐标系中的面积元素.如果在直角坐标系中用平行于坐标轴的直线网来划分 D（见图7-3），那么除了包含边界点的一些小闭区域外,其余的小闭区域都是矩形闭区域.设矩形闭区域 $\Delta\sigma_i$ 的边长为 Δx_i 和 Δy_i,则 $\Delta\sigma_i=\Delta x_i\Delta y_i$,因此在直角坐标系中,有时也把面积元素 $d\sigma$ 记作 $dxdy$,而把二重积分记作 $\iint\limits_{D}f(x,y)\,dxdy$,其中,$dxdy$ 叫作直角坐标系中的面积元素.

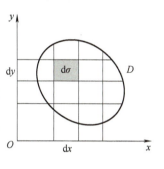

图 7-3

（2）二重积分的存在性.当 $f(x,y)$ 在闭区域 D 上连续时,积分和的极限是存在的,也就是说函数 $f(x,y)$ 在 D 上的二重积分必定存在.我们总假定函数 $f(x,y)$ 在闭区域 D 上连续,所以 $f(x,y)$ 在 D 上的二重积分都是存在的.

（3）二重积分的几何意义.如果 $f(x,y)$ 是正的,柱体就在 xOy 平面的上方,所以二重积分的几何意义就是柱体的体积.如果 $f(x,y)$ 是负的,柱体就在 xOy 平面的下方,二重积分的绝对值仍等于柱体的体积,但二重积分的值是负的.如果 $f(x,y)$ 在某些区域上是正的,而在其他区域上是负的,则 $\iint\limits_{D}f(x,y)\,d\sigma$ 就是区域 D 上这些区域上曲面体积的代数和.

【例 7.1.1】 按定义计算二重积分 $\iint\limits_{D}xy\,dxdy$,其中,$D=[0,1]\times[0,1]$.

分析:根据定义,将区域 D 均匀分割,用近似计算替代求和.

解:将 D 分成 n^2 个小正方形,

$$\Delta D_{ij}=\left\{(x,y)\left|\frac{i-1}{n}\leqslant x\leqslant\frac{i}{n},\frac{j-1}{n}\leqslant y\leqslant\frac{j}{n}\right.\right\}(i,j=1,2,\cdots,n),$$

取 $\xi_i=\dfrac{i}{n},\eta_i=\dfrac{j}{n}$,则

$$\iint\limits_{D}f(x,y)\,dxdy=\lim\limits_{n\to\infty}\sum\limits_{i,j=1}^{n}\xi_i\eta_i\Delta\sigma_{ij}=\lim\limits_{n\to\infty}\frac{1}{n^4}\sum\limits_{i,j=1}^{n}ij$$

$$=\lim\limits_{n\to\infty}\frac{1}{n^4}\frac{n^2(n+1)^2}{4}=\frac{1}{4}.$$

7.1.2　二重积分的性质

▶ 二重积分的
　中值定理

由二重积分的定义可知,二重积分是定积分概念向二维空间的推广,因此二重积分也有与定积分类似的性质,其证明方法可以完全仿照一元定积分性质的证明.

性质 1　设 α,β 为常数,则

$$\iint\limits_{D}[\alpha f(x,y)+\beta g(x,y)]\,\mathrm{d}\sigma=\alpha\iint\limits_{D}f(x,y)\,\mathrm{d}\sigma+\beta\iint\limits_{D}g(x,y)\,\mathrm{d}\sigma.$$

性质 2　如果积分区域 D 可以分解成 D_1 和 D_2 两个部分,则

$$\iint\limits_{D}f(x,y)\,\mathrm{d}\sigma=\iint\limits_{D_1}f(x,y)\,\mathrm{d}\sigma+\iint\limits_{D_2}f(x,y)\,\mathrm{d}\sigma.$$

性质 3　当被积函数 $f(x,y)=1$ 时,二重积分的值等于区域的面积.即区域 D 的面积为

$$A=\iint\limits_{D}\mathrm{d}\sigma.$$

性质 4　如果在 D 上有 $f(x,y)\leqslant g(x,y)$,那么

$$\iint\limits_{D}f(x,y)\,\mathrm{d}\sigma\leqslant\iint\limits_{D}g(x,y)\,\mathrm{d}\sigma.$$

特别地,由于 $-|f(x,y)|\leqslant f(x,y)\leqslant|f(x,y)|$,则

$$\left|\iint\limits_{D}f(x,y)\,\mathrm{d}\sigma\right|\leqslant\iint\limits_{D}|f(x,y)|\,\mathrm{d}\sigma.$$

性质 5　如果 $f(x,y)$ 在 D 上的最大值和最小值分别为 M 和 m,区域 D 的面积为 A,则

$$mA\leqslant\iint\limits_{D}f(x,y)\,\mathrm{d}\sigma\leqslant MA.$$

性质 6(中值定理)　设 $f(x,y)$ 在 D 上连续,则在 D 上至少存在一点 (ξ,η),使

$$\iint\limits_{D}f(x,y)\,\mathrm{d}\sigma=f(\xi,\eta)\cdot A.$$

证明: 由性质 5 可得 $m\leqslant\dfrac{1}{A}\iint\limits_{D}f(x,y)\,\mathrm{d}\sigma\leqslant M$,由于 $\dfrac{1}{A}\iint\limits_{D}f(x,y)\,\mathrm{d}\sigma$ 是介于 m 和 M 之间的数值,由闭区间上连续函数的介值定理可知,在 D 上至少存在一点 (ξ,η),使 $f(\xi,\eta)=\dfrac{1}{A}\iint\limits_{D}f(x,y)\,\mathrm{d}\sigma$,这个值也是 $f(x,y)$ 在 D 上的平均值.

我们需要注意以下几点.

(1) 性质 1 表明二重积分满足线性运算.

(2) 性质 2 表明二重积分的积分区域具有可加性,把积分区域拆分,并确定拆分后每个积分区域的类型,计算相应区域二重积分的值,最后求和.我们可以把它推广至多个部分.

（3）性质 3 实质就是计算积分区域的面积.

（4）二重积分是把一维区间上的定积分推广到平面区域,除了积分区域的差异之外,关于二重积分作为和式的极限,以及二重积分的存在性及有关性质都与定积分相仿.因而处理定积分问题的方法与技巧也能适用于二重积分的问题.

【例 7.1.2】 比较二重积分 $\iint\limits_{D}(x+y)^2\mathrm{d}x\mathrm{d}y$ 与 $\iint\limits_{D}(x+y)^3\mathrm{d}x\mathrm{d}y$ 的大小,其中,D 是由圆周 $(x-2)^2+(y-1)^2=2$ 围成的区域(见图 7-4).

分析:利用相同区域上函数值大则积分值大的性质,进行函数值的估计和比较.

解:考虑 $x+y$ 在 D 上的取值与 1 的关系.由于圆心 $(2,1)$ 到直线 $x+y=1$ 的距离等于 $\sqrt{2}$,恰好是圆的半径,所以 $x+y=1$ 为圆的切线,因此在 D 上处处有 $x+y\geqslant 1$,于是 $(x+y)^2\leqslant(x+y)^3$,根据二重积分的性质有

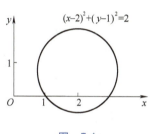

图 7-4

$$\iint\limits_{D}(x+y)^2\mathrm{d}x\mathrm{d}y\leqslant\iint\limits_{D}(x+y)^3\mathrm{d}x\mathrm{d}y.$$

【例 7.1.3】 估计二重积分 $I=\iint\limits_{D}\dfrac{\mathrm{d}x\mathrm{d}y}{\sqrt{x^2+y^2+2xy+16}}$ 的值,其中积分区域 D 为矩形闭区域 $\{(x,y)\mid 0\leqslant x\leqslant 1,0\leqslant y\leqslant 2\}$ (见图 7-5).

解:因为 $f(x,y)=\dfrac{1}{\sqrt{(x+y)^2+4^2}}$,区域 D 的面积为 2,且 D 上 $f(x,y)$ 的最大值和最小值分别为

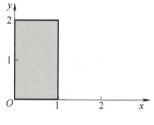

图 7-5

$$M=\frac{1}{\sqrt{(0+0)^2+4^2}}=\frac{1}{4},m=\frac{1}{\sqrt{(1+2)^2+4^2}}=\frac{1}{5},$$

所以 $\quad\dfrac{1}{5}\times 2\leqslant I\leqslant\dfrac{1}{4}\times 2$,即 $\dfrac{2}{5}\leqslant I\leqslant\dfrac{1}{2}$.

本节给出二重积分的定义及性质之后,下节将继续讨论其计算方法.

练习 7.1

1. 设 D 是由 $y=\sqrt{4-x^2}$ 与 $y=0$ 所围的区域,则 $\iint\limits_{D}\mathrm{d}\sigma=$ _____.

2. 求 $f(x,y)=\sqrt{R^2-x^2-y^2}$ 在区域 $D:x^2+y^2\leqslant R^2$ 上的平均值.

3. 根据二重积分的性质,比较积分 $\iint\limits_{D}\ln(x+y)\mathrm{d}x\mathrm{d}y$ 与 $\iint\limits_{D}[\ln(x+y)]^2\mathrm{d}x\mathrm{d}y$ 的大小,其中积分区域 D 为矩形闭区域 $\{(x,y)\mid 3\leqslant x\leqslant 5,$

$0 \leqslant y \leqslant 1 \}$.

4.用二重积分的性质估计$\iint\limits_{D} xy(x+y)\,dxdy$的值,其中积分区域$D$为矩形闭区域$\{(x,y)\,|\,0 \leqslant x \leqslant 1,0 \leqslant y \leqslant 1\}$.

5.证明:若$f(x,y)$为积分区域D上的非负连续函数,且在D上不恒为零,则$\iint\limits_{D} f(x,y)\,dxdy>0$.

6.设D是xOy平面上的有界闭区域,函数$f(x,y)$在D上连续且不变号,又$\iint\limits_{D} f(x,y)\,dxdy=0$,试证明:在区域$D$上$f(x,y)=0$.

7.2　二重积分的计算

📖 二重积分的计算

▶️ 直角坐标系中二重积分的计算

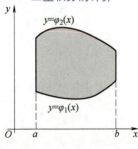

图　7-6

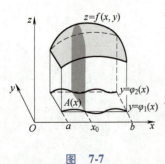

图　7-7

预备知识:定积分的计算方法及步骤,重点回顾积分区域划分的原则和方法.

本节我们主要讨论在直角坐标下计算二重积分,其主要的思想是将二重积分转化为两次定积分来计算.在二重积分的计算中,能够准确地表示积分区域是十分必要的,上节性质2表明二重积分的积分区域具有可加性,把积分区域进行拆分,并确定拆分后每个积分区域的类型,按照积分的顺序不同,二重积分化为二次积分的类型有X型区域、Y型区域两种,计算相应区域二重积分的值,最后求和.

7.2.1　二重积分区域类型

定义7.2　X型区域

如果积分区域$D=\{(x,y)\,|\,a \leqslant x \leqslant b,\varphi_1(x) \leqslant y \leqslant \varphi_2(x)\}$,其中,$\varphi_1(x),\varphi_2(x)$是$[a,b]$上的连续函数,则称$D$为$X$型区域(见图7-6).

X型区域的特点:平行于y轴的直线$x=a$和$x=b$所围的带状区域与下封线函数$\varphi_1(x)$和上封线函数$\varphi_2(x)$共同围成封闭区域D,因而穿过该区域且平行于y轴的直线与区域的边界相交不多于两个交点.

由几何意义知,$\iint\limits_{D} f(x,y)\,d\sigma$是为以$D$为底,以$z=f(x,y)(f(x,y)>0)$为顶的曲顶柱体的体积(见图7-7),应用计算"平行截面面积为已知的立体求体积"的方法,有

$$A=\int_{\varphi_1(x)}^{\varphi_2(x)} f(x,y)\,dy,$$

$$V = \iint\limits_{D} f(x,y)\,\mathrm{d}\sigma = \int_a^b A\,\mathrm{d}x$$

$$= \int_a^b \left[\int_{\varphi_1(x)}^{\varphi_2(x)} f(x,y)\,\mathrm{d}y \right] \mathrm{d}x$$

$$= \int_a^b \mathrm{d}x \int_{\varphi_1(x)}^{\varphi_2(x)} f(x,y)\,\mathrm{d}y.$$

此为先对 y 积分,后对 x 积分的二次积分.

特别地,切记在 **X 型区域**的划分中一定要满足下限小于上限: $a<b,\varphi_1(x)<\varphi_2(x)$.我们可用"**穿线法**"来确定下限函数 $\varphi_1(x)$ 和上限函数 $\varphi_2(x)$:用平行于 y 轴的直线自 y 轴负方向穿向 y 轴正方向(自下向上),首先触碰的函数为下限函数 $\varphi_1(x)$,然后触碰的函数自然就是上限函数 $\varphi_2(x)$.

定义 7.3 Y 型区域

如果积分区域 $D = \{(x,y) \mid \psi_1(y) \leqslant x \leqslant \psi_2(y), c \leqslant y \leqslant d\}$,其中,$\psi_1(y),\psi_2(y)$ 是 $[c,d]$ 上的连续函数,则称 D 为 Y 型区域.

Y 型区域的特点:平行于 x 轴的直线 $y=c$ 和 $y=d$ 所围的带状区域与左封线函数 $\psi_1(y)$ 和右封线函数 $\psi_2(y)$ 共同围成封闭区域 D,因而该穿过区域且平行于 x 轴的直线与区域的边界相交不多于两个交点.

类似 X 型区域,如果区域 D 为 Y 型区域,则二重积分的计算公式为

$$\iint\limits_{D} f(x,y)\,\mathrm{d}\sigma = \int_c^d \mathrm{d}y \int_{\psi_1(y)}^{\psi_2(y)} f(x,y)\,\mathrm{d}x.$$

此为先对 x 积分,后对 y 积分的二次积分.

相应地,亦可使用"**穿线法**"来确定下限函数 $\psi_1(y)$ 和上限函数 $\psi_2(y)$:用平行于 x 轴的直线自 x 轴负方向穿向 x 轴正方向(自左向右),首先触碰的函数为 $\psi_1(y)$,次后触碰的函数为 $\psi_2(y)$.

特别地,如果积分区域 D 既不是 X 型区域也不是 Y 型区域,那么可以将其分割成若干个 X 型区域、Y 型区域,然后在每块积分区域上应用相应的公式,再根据二重积分对积分区域的可加性,就可以计算出所给的二重积分.

$$\iint\limits_{D} f(x,y)\,\mathrm{d}\sigma = \iint\limits_{D_1} f(x,y)\,\mathrm{d}\sigma + \iint\limits_{D_2} f(x,y)\,\mathrm{d}\sigma + \iint\limits_{D_3} f(x,y)\,\mathrm{d}\sigma.$$

特殊情况下,当 D 的边界是与坐标轴平行的矩形($a \leqslant x \leqslant b, c \leqslant y \leqslant d$)时,有

$$\iint\limits_{D} f(x,y)\,\mathrm{d}x\mathrm{d}y = \int_a^b \mathrm{d}x \int_c^d f(x,y)\,\mathrm{d}y = \int_c^d \mathrm{d}y \int_a^b f(x,y)\,\mathrm{d}x.$$

更为特殊地,如果积分区域是上述的矩形而被积函数可以分离成两个一元函数的乘积,即 $f(x,y) = \varphi(x) \cdot \psi(y)$ 时,有

$$\iint\limits_{D} f(x,y)\,\mathrm{d}x\mathrm{d}y = \left[\int_a^b \varphi(x)\,\mathrm{d}x \right] \cdot \left[\int_c^d \psi(y)\,\mathrm{d}y \right].$$

7.2.2　直角坐标中计算二重积分的步骤、交换二次积分次序

▶ 极坐标系中
二重积分的计算

下面,我们简单介绍一下处理二重积分的步骤和方法.

(1) 在直角坐标系下计算二重积分的步骤:

① 确定积分函数,画出积分区域 D,求出边界曲线的交点;

② 根据 D 的形状和 $f(x,y)$ 的性质确定积分次序;

③ 确定积分限,无论 X 型区域还是 Y 型区域,都必须满足下限<上限;

④ 计算——把二重积分转化为二次积分.

(2) 交换二次积分次序.

在计算二次积分时,合理选择积分次序是比较关键的一步,积分次序选择不当会给计算带来很大的麻烦,甚至计算不出结果.下面我们给出交换积分次序的一般步骤.

① 对于给定的二重积分,先确定积分限,画出积分区域;

② 根据积分区域的图形,按新的次序确定积分区域的积分限;

③ 重新写出二重积分.

*(3) 根据积分区域的对称性和被积函数的奇偶性简化二重积分.

① 如果积分区域关于 y 轴对称,被积函数是 x 的奇函数,则二重积分为零;

② 如果积分区域关于 y 轴对称,被积函数是 x 的偶函数,则二重积分为半区域的两倍;

③ 如果积分区域关于 x 轴对称,被积函数关于 y 是奇函数,则二重积分为零;

④ 如果积分区域关于 x 轴对称,被积函数是 y 的偶函数,则二重积分为半区域的两倍.

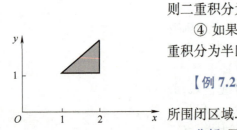

图　7-8

【例 7.2.1】　计算 $\iint\limits_{D} xy\mathrm{d}\sigma$,其中, D 是由直线 $y=1$, $x=2$ 及 $y=x$ 所围闭区域.

分析:画出积分区域 D(见图 7-8),将其写成 X 型区域或 Y 型区域,代入公式计算.

解:方法 1　可把 D 看成是 X 型区域: $1\leqslant x\leqslant 2$, $1\leqslant y\leqslant x$,于是

$$\iint\limits_{D} xy\mathrm{d}\sigma=\int_{1}^{2}\left(\int_{1}^{x} xy\mathrm{d}y\right)\mathrm{d}x=\int_{1}^{2}\left[x\cdot\frac{y^{2}}{2}\right]_{1}^{x}\mathrm{d}x=\frac{1}{2}\int_{1}^{2}(x^{3}-x)\mathrm{d}x=\frac{1}{2}\left[\frac{x^{4}}{4}-\frac{x^{2}}{2}\right]_{1}^{2}=\frac{9}{8}.$$

▶ 例 7.2.1

方法 2　也可把 D 看成是 Y 型区域: $1\leqslant y\leqslant 2$, $y\leqslant x\leqslant 2$,于是

$$\iint\limits_{D} xy\mathrm{d}\sigma=\int_{1}^{2}\left[\int_{y}^{2} xy\mathrm{d}x\right]\mathrm{d}y=\int_{1}^{2}\left[y\cdot\frac{x^{2}}{2}\right]_{y}^{2}\mathrm{d}y=\int_{1}^{2}\left[2y-\frac{y^{3}}{2}\right]\mathrm{d}y=\left[y^{2}-\frac{y^{4}}{8}\right]_{1}^{2}=\frac{9}{8}.$$

【例 7.2.2】　计算 $\iint\limits_{D} f(x,y)\mathrm{d}\sigma$,其中 D: $x^{2}+y^{2}\leqslant 2y$.

分析:画出区域 D(见图 7-9),将其写成 X 型区域或 Y 型区域,代入公式进行计算.

解: $$\iint\limits_{D} f(x,y)\mathrm{d}\sigma = \int_{-1}^{1}\mathrm{d}x \int_{1-\sqrt{1-x^2}}^{1+\sqrt{1-x^2}} f(x,y)\mathrm{d}y$$

$$= \int_{0}^{2}\mathrm{d}y \int_{-\sqrt{2y-y^2}}^{\sqrt{2y-y^2}} f(x,y)\mathrm{d}x.$$

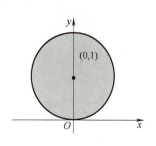

图 7-9

【例 7.2.3】 改变 $\int_{0}^{1}\mathrm{d}x \int_{0}^{\sqrt{2x-x^2}} f(x,y)\mathrm{d}y + \int_{1}^{2}\mathrm{d}x \int_{0}^{2-x} f(x,y)\mathrm{d}y$ 的积分次序.

分析:仍需画出积分区域 D(见图 7-10),辨识当前积分域型,转换为对称域型即可.

解:由 $\int_{0}^{1}\mathrm{d}x \int_{0}^{\sqrt{2x-x^2}} f(x,y)\mathrm{d}y + \int_{1}^{2}\mathrm{d}x \int_{0}^{2-x} f(x,y)\mathrm{d}y = \iint\limits_{D_1} f(x,y)\mathrm{d}\sigma + \iint\limits_{D_2} f(x,y)\mathrm{d}\sigma,$

将区域 $D = D_1 + D_2$ 转换为 Y 型区域:$\int_{0}^{1}\mathrm{d}y \int_{1-\sqrt{1-y^2}}^{2-y} f(x,y)\mathrm{d}x.$

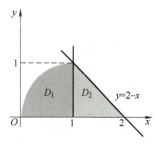

图 7-10

例 7.2.3

由于积分区域的特点,选择不同的积分顺序,将使计算过程出现难易程度上的差异.对某些问题,由于函数的特点,按某种积分顺序可能积不出来,换成另一种积分顺序就迎刃而解.

【例 7.2.4】 求 $\iint\limits_{D}\dfrac{\sin y}{y}\mathrm{d}x\mathrm{d}y$,$D$ 是由 $y = \sqrt{x}$ 和 $y = x$ 所围成的闭区域.

分析:此题型在于转换思想的体现:如果 X 型区域积分不容易,不妨试 Y 型区域积分.

例 7.2.4

解:首先画出积分区域(见图 7-11).由于 $\int\dfrac{\sin y}{y}\mathrm{d}y$"积不出来",只能作为"$Y$ 型区域"进行计算.

$$\iint\limits_{D}\frac{\sin y}{y}\mathrm{d}x\mathrm{d}y = \int_{0}^{1}\mathrm{d}y \int_{y^2}^{y}\frac{\sin y}{y}\mathrm{d}x = \int_{0}^{1}(\sin y - y\sin y)\mathrm{d}y = 1 - \sin 1.$$

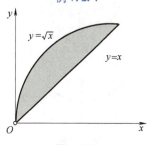

图 7-11

【例 7.2.5】 计算 $\iint\limits_{D} xy\mathrm{d}\sigma$,其中,$D$ 是由直线 $y = x - 2$ 及抛物线 $y^2 = x$ 所围成的闭区域.

分析:不同的积分顺序有不同的计算复杂度,应以简单易算为原则.

解:首先画出积分区域(见图 7-12).积分区域可表示为 $D: -1 \leqslant y \leqslant 2, y^2 \leqslant x \leqslant y + 2$,

于是 $\iint\limits_{D} xy\mathrm{d}\sigma = \int_{-1}^{2}\mathrm{d}y \int_{y^2}^{y+2} xy\mathrm{d}x = \int_{-1}^{2}\left[\dfrac{x^2}{2}y\right]_{y^2}^{y+2}\mathrm{d}y$

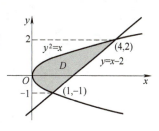

图 7-12

$$= \frac{1}{2} \int_{-1}^{2} \left[y(y+2)^2 - y^5 \right] \mathrm{d}y$$

$$= \frac{1}{2} \left[\frac{y^4}{4} + \frac{4}{3}y^3 + 2y^2 - \frac{y^6}{6} \right]_{-1}^{2} = 5\frac{5}{8}.$$

积分区域也可以表示为 $D = D_1 + D_2$，其中 $D_1 : 0 \leqslant x \leqslant 1, -\sqrt{x} \leqslant y \leqslant \sqrt{x}, D_2 : 1 \leqslant x \leqslant 4, x - 2 \leqslant y \leqslant \sqrt{x}$，于是 $\iint\limits_{D} xy\mathrm{d}\sigma = \int_0^1 \mathrm{d}x \int_{-\sqrt{x}}^{\sqrt{x}} xy\mathrm{d}y + \int_1^4 \mathrm{d}x$

$\int_{x-2}^{\sqrt{x}} xy\mathrm{d}y.$ 此时计算相对复杂.

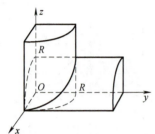

图　7-13

【例 7.2.6】　求两个底圆半径都等于 R 的直交圆柱面所围成的立体的体积.

分析：充分利用对称特征，减少计算量.

解：设这两个圆柱面的方程分别为 $x^2 + y^2 = R^2$ 及 $x^2 + z^2 = R^2$，利用立体关于坐标平面的对称性，只要算出它在第一卦限部分的体积 V_1，然后再乘以 8 就能得出立体的体积(见图 7-13).

第一卦限部分是以 $D = \{(x,y) \mid 0 \leqslant y \leqslant \sqrt{R^2 - x^2}, 0 \leqslant x \leqslant R\}$ 为底、以 $z = \sqrt{R^2 - x^2}$ 为顶的曲顶柱体.于是

$$V = 8 \iint\limits_{D} \sqrt{R^2 - x^2}\, \mathrm{d}\sigma = 8 \int_0^R \mathrm{d}x \int_0^{\sqrt{R^2 - x^2}} \sqrt{R^2 - x^2}\, \mathrm{d}y$$

$$= 8 \int_0^R \left[y\sqrt{R^2 - x^2} \right]_0^{\sqrt{R^2 - x^2}} \mathrm{d}x$$

$$= 8 \int_0^R (R^2 - x^2)\, \mathrm{d}x = \frac{16}{3}R^3.$$

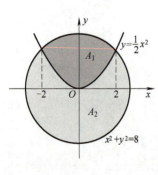

图　7-14

【例 7.2.7】　求由 $y = \frac{1}{2}x^2$ 与 $x^2 + y^2 = 8$ 所围成的图形(见图 7-14)的面积(上、下两部分都要计算).

分析：画出图形，确定积分区域 D，利用对称性计算右侧的面积即可.

解：$A_1 = \iint\limits_{A_1} 1\mathrm{d}x\mathrm{d}y = 2 \int_0^2 \mathrm{d}x \int_{\frac{1}{2}x^2}^{\sqrt{8-x^2}} \mathrm{d}y = 2 \int_0^2 \sqrt{8-x^2}\, \mathrm{d}x - \int_0^2 x^2\mathrm{d}x$

$$= 16 \int_0^{\frac{\pi}{4}} \cos^2 t\, \mathrm{d}t - \frac{8}{3} = 2\pi + \frac{4}{3};$$

$$A_2 = (2\sqrt{2})^2 \pi - A_1 = 6\pi - \frac{4}{3}.$$

7.2.3　利用极坐标计算二重积分

有些二重积分，其积分区域的边界曲线用极坐标方程表示比较简单，例如圆形和扇形区域的边界，再加上被积函数在极坐标下也有比较简单的形式，则应考虑用极坐标来计算此二重积分.本节讨论在极坐标下二重积分的计算方法，讨论极点和积分区域的位置关

系——极点在积分区域外、极点在积分区域上、极点在积分区域内, 从而确定相应的积分上下限,给出在直角坐标系下计算二重积分的公式.

按二重积分的定义 $\iint\limits_{D}f(x,y)\,\mathrm{d}\sigma=\lim\limits_{\lambda\to0}\sum\limits_{i=1}^{n}f(\xi_i,\eta_i)\Delta\sigma_i$,下面我们来研究这个和的极限在极坐标系中的形式.

以从极点 O 出发的一簇射线及以极点为中心的一簇同心圆构成的网格将区域 D 分为 n 个小闭区域(见图 7-15),小闭区域的面积为

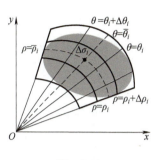

图 **7-15**

$$\Delta\sigma_i=\frac{1}{2}(\rho_i+\Delta\rho_i)^2\cdot\Delta\theta_i-\frac{1}{2}\cdot\rho_i^2\cdot\Delta\theta_i=\frac{1}{2}(2\rho_i+\Delta\rho_i)\Delta\rho_i\cdot\Delta\theta_i$$

$$=\frac{\rho_i+(\rho_i+\Delta\rho_i)}{2}\cdot\Delta\rho_i\cdot\Delta\theta_i=\bar{\rho}_i\Delta\rho_i\Delta\theta_i,$$

其中, $\bar{\rho}_i$ 表示相邻两圆弧的半径的平均值.在 $\Delta\sigma_i$ 内取点 $(\bar{\rho}_i,\bar{\theta}_i)$,设其直角坐标为 (ξ_i,η_i),则有 $\xi_i=\bar{\rho}_i\cos\bar{\theta}_i,\eta_i=\bar{\rho}_i\sin\bar{\theta}_i$.于是

$$\lim_{\lambda\to0}\sum_{i=1}^{n}f(\xi_i,\eta_i)\Delta\sigma_i=\lim_{\lambda\to0}\sum_{i=1}^{n}f(\bar{\rho}_i\cos\bar{\theta}_i,\bar{\rho}_i\sin\bar{\theta}_i)\bar{\rho}_i\Delta\rho_i\Delta\theta_i,$$

即

$$\iint\limits_{D}f(x,y)\,\mathrm{d}\sigma=\iint\limits_{D}f(\rho\cos\theta,\rho\sin\theta)\rho\mathrm{d}\rho\mathrm{d}\theta.$$

下面讨论极点和积分区域的位置关系.

(1)极点在区域 D 内,区域的边界为 $\rho=\rho(\theta)$,显然 θ 的取值范围为 $[0,2\pi]$, ρ 的取值为 $0\leqslant\rho\leqslant\rho(\theta)$,则

$$\iint\limits_{D}f(x,y)\,\mathrm{d}\sigma=\int_0^{2\pi}\mathrm{d}\theta\int_0^{\rho(\theta)}f(\rho\cos\theta,\rho\sin\theta)\rho\mathrm{d}\rho.$$

(2)极点在区域 D 外,如果从极点作两条射线 $\theta=\alpha,\theta=\beta(\alpha<\beta)$,把区域的边界分成两个单值部分 $\rho=\rho_1(\theta)$ 和 $\rho=\rho_2(\theta)(\rho_1(\theta)\leqslant\rho_2(\theta))$,显然在区域内的点 $\alpha\leqslant\theta\leqslant\beta,\rho_1(\theta)\leqslant\rho\leqslant\rho_2(\theta)$,则

$$\iint\limits_{D}f(x,y)\,\mathrm{d}\sigma=\int_\alpha^\beta\mathrm{d}\theta\int_{\rho_1(\theta)}^{\rho_2(\theta)}f(\rho\cos\theta,\rho\sin\theta)\rho\mathrm{d}\rho.$$

(3)极点在区域 D 的边界上,从极点作两条射线与区域相切,切线为 $\theta=\alpha$ 和 $\theta=\beta(\alpha<\beta)$,显然曲线上的点 $\alpha\leqslant\theta\leqslant\beta,0\leqslant\rho\leqslant\rho(\theta)$,则

$$\iint\limits_{D}f(x,y)\,\mathrm{d}\sigma=\int_\alpha^\beta\mathrm{d}\theta\int_0^{\rho(\theta)}f(\rho\cos\theta,\rho\sin\theta)\rho\mathrm{d}\rho.$$

【例 7.2.8】 计算 $\iint\limits_{D}\mathrm{e}^{-x^2-y^2}\mathrm{d}x\mathrm{d}y$,其中, D 由中心在原点、半径为 a 的圆周所围成.

分析:被积函数是与 (x^2+y^2) 有关的函数,并且积分区域是圆

域,这些典型特征提示我们应使用极坐标计算积分.

解:在极坐标系中,闭区域 D 可表示为 $0 \leqslant \rho \leqslant a, 0 \leqslant \theta \leqslant 2\pi$,于是

$$\iint\limits_{D} e^{-x^2-y^2} dxdy = \iint\limits_{D} e^{-\rho^2} \rho d\rho d\theta = \int_0^{2\pi} \left(\int_0^a e^{-\rho^2} \rho d\rho \right) d\theta$$

$$= \int_0^{2\pi} \left[-\frac{1}{2} e^{-\rho^2} \right]_0^a d\theta = \frac{1}{2} (1 - e^{-a^2}) \int_0^{2\pi} d\theta = \pi (1 - e^{-a^2}).$$

注:此处积分 $\iint\limits_{D} e^{-x^2-y^2} dxdy$ 也常写成 $\iint\limits_{x^2+y^2 \leqslant a^2} e^{-x^2-y^2} dxdy$.

【例 7.2.9】　设区域 D 为 $x^2+y^2 \leqslant R^2$,求: $\iint\limits_{D} \left(\frac{x^2}{a^2} + \frac{y^2}{b^2} \right) dxdy$.

分析:积分区域是圆域,被积函数近似为 (x^2+y^2) 的函数,也应使用极坐标计算积分.

解:根据积分区域的形状选用极坐标计算.

$$\iint\limits_{D} \left(\frac{x^2}{a^2} + \frac{y^2}{b^2} \right) dxdy = \int_0^{2\pi} d\varphi \int_0^R \left(\frac{\rho^2 \cos^2 \varphi}{a^2} + \frac{\rho^2 \sin^2 \varphi}{b^2} \right) \rho d\rho$$

$$= \int_0^{2\pi} \left(\frac{\cos^2 \varphi}{a^2} + \frac{\sin^2 \varphi}{b^2} \right) d\varphi \int_0^R \rho^3 d\rho = \frac{\pi R^4}{4} \left(\frac{1}{a^2} + \frac{1}{b^2} \right).$$

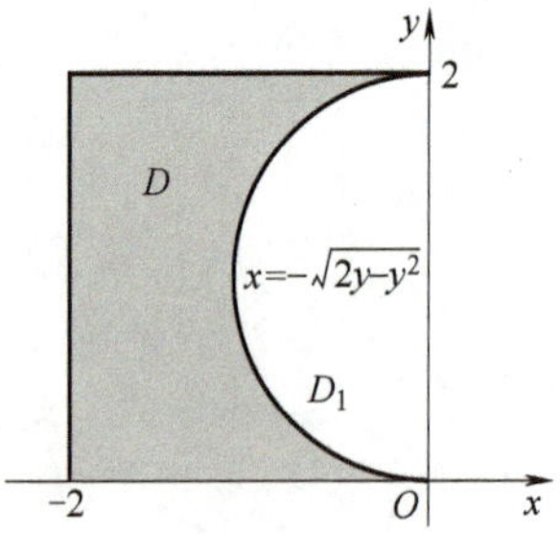

【例 7.2.10】　计算二重积分 $\iint\limits_{D} y dxdy$,其中,D 是由直线 $x=-2$,$y=0$,$y=2$ 以及曲线 $x = -\sqrt{2y-y^2}$ 所围成的平面区域(见图 7-16).

分析:极坐标系中计算积分的方法,要结合直角坐标系灵活使用.

解:$\iint\limits_{D} y dxdy = \iint\limits_{D+D_1} y dxdy - \iint\limits_{D_1} y dxdy = 4 - \int_{\frac{\pi}{2}}^{\pi} d\varphi \int_0^{2\sin\varphi} \rho \sin\varphi \rho d\rho$

$$= 4 - \int_{\frac{\pi}{2}}^{\pi} \sin\varphi \left(\int_0^{2\sin\varphi} \rho^2 d\rho \right) d\varphi = 4 - \int_{\frac{\pi}{2}}^{\pi} \sin\varphi \left[\frac{\rho^3}{3} \right]_0^{2\sin\varphi} d\varphi$$

$$= 4 - \frac{8}{3} \int_{\frac{\pi}{2}}^{\pi} \sin^4 \varphi d\varphi$$

$$= 4 - \frac{8}{12} \int_{\frac{\pi}{2}}^{\pi} \left[1 - 2\cos 2\varphi + \frac{1+\cos 4\varphi}{2} \right] d\varphi = 4 - \frac{\pi}{2}.$$

掌握了二重积分的计算方法之后,我们如何将其使用到具体的应用之中?这就是下节的主要内容.

图 7-16

▶ 例 7.2.10

练习 7.2

1. 将二重积分 $\iint\limits_{D} f(x,y) dxdy$ 化为两种次序的二次积分,其中积分区域 D 分别如下.

（1）由直线 $x+y=1,y-x=1$ 以及 $y=0$ 所围成的闭区域；

（2）由直线 $y=x,x=3$ 以及双曲线 $xy=1$ 所围成的闭区域；

（3）由直线 $y=x,y=a$ 以及 $x=b(0<a<b)$ 所围成的闭区域.

2. 计算下列二重积分.

（1）$\iint\limits_{D}\sin^2 x\sin^2 y\,\mathrm{d}x\mathrm{d}y$，其中积分区域 D：$0\leqslant x\leqslant\pi,0\leqslant y\leqslant\pi$；

（2）$\iint\limits_{D}(x^2-y^2)\,\mathrm{d}x\mathrm{d}y$，其中积分区域 D：$0\leqslant x\leqslant\pi,0\leqslant y\leqslant\sin x$；

（3）$\iint\limits_{D}\mathrm{e}^{x+y}\,\mathrm{d}x\mathrm{d}y$，其中积分区域 D：$|x|+|y|\leqslant 1$；

（4）$\iint\limits_{D}\dfrac{x}{y+1}\,\mathrm{d}x\mathrm{d}y$，其中积分区域 D 由 $y=x^2+1,y=2x,x=0$ 所围成；

（5）$\iint\limits_{D}y\sqrt{1+x^2-y^2}\,\mathrm{d}\sigma$，其中 D 是由直线 $y=1,x=-1$ 及 $y=x$ 所围成的闭区域；

（6）$\iint\limits_{D}xy^2\,\mathrm{d}x\mathrm{d}y$，其中 D 是由 $y=x,y=0,x=1$ 所围成的闭区域；

（7）$\iint\limits_{D}(x^2+y^2)\,\mathrm{d}x\mathrm{d}y$，其中 D：$\{(x,y)\mid 0\leqslant x\leqslant 1,x\leqslant y\leqslant 2x\}$；

（8）$\iint\limits_{D}(2x+y)\,\mathrm{d}x\mathrm{d}y$，其中 D 是由 $y=\sqrt{x},y=0,x+y=2$ 所围成的闭区域.

3. 将 $\iint\limits_{D}f(x,y)\,\mathrm{d}\sigma$，化为二次积分（两种顺序都要列出）.

（1）D 由 $y=x^2$ 和 $y=x$ 所围成；

（2）D 由 $y^2=4-x$ 与 $x+2y-4=0$ 所围成；

（3）D 由 $x+y=2,x-y=0,y=0$ 所围成；

（4）D 为圆 $x^2+y^2\leqslant R^2$ 的上半部分；

（5）$D=\{(x,y)\mid 0\leqslant y\leqslant 2;y\leqslant x\leqslant\sqrt{8-y^2}\}$.

4. 求曲线 $(x-y)^2+x^2=a^2(a>0)$ 所围成的平面图形的面积.

5. 求坐标平面和 $x=2,y=3,x+y+z=4$ 所围成的角柱体的体积.

6. 设 $f(x)$ 在 $[a,b]$ 上可积，$g(y)$ 在 $[c,d]$ 上可积，证明：$f(x)g(y)$ 在 $D=[a,b]\times[c,d]$ 上可积，且

$$\iint\limits_{D}f(x)g(y)\,\mathrm{d}x\mathrm{d}y=\int_{a}^{b}f(x)\,\mathrm{d}x\cdot\int_{c}^{d}g(y)\,\mathrm{d}y\cdot$$

7. 利用极坐标求 $\iint\limits_{D}(x^4+y^4)\,\mathrm{d}x\mathrm{d}y$，其中积分区域 $D=\{(x,y)\mid x^2+y^2\leqslant a^2(a>0)\}$.

8. 利用极坐标求 $\iint\limits_{D} e^{x^2+y^2} dxdy$,其中积分区域 $D = \{(x,y) \mid x^2+y^2 \leqslant 1,$ $x \geqslant 0, y \geqslant 0\}$.

9. 利用极坐标求 $\iint\limits_{D} xy dxdy$,其中积分区域 $D = \{(x,y) \mid 1 \leqslant x^2 + y^2 \leqslant 4, 0 \leqslant y \leqslant x\}$.

10. 利用极坐标求 $\iint\limits_{D} \arctan\dfrac{y}{x} dxdy$,其中 D 为由直线 $y=x,y=0$ 和 $x=2$ 所围成的三角形区域.

11. 将 $I = \displaystyle\int_0^1 dx \int_0^{\sqrt{3}x} f(x,y) dy + \int_1^2 dx \int_0^{\sqrt{4-x^2}} f(x,y) dy$ 化为极坐标系下的二次积分.

*7.3   二重积分的应用

二重积分的应用

预备知识:微元法的思想和步骤;二重积分的计算方法.

定积分应用的元素法也可以推广到二重积分,使用该方法需满足以下条件:

1. 所要计算的某个量 U 对于闭区域 D 具有可加性,即当闭区域 D 被分成许多小闭区域 $d\sigma$ 时,所求量 U 被相应地分成许多部分量 ΔU,且 $U = \sum \Delta U$.

2. 在 D 内任取一个直径充分小的小闭区域 $d\sigma$ 时,相应的部分量 ΔU 可近似地表示为 $f(x) d\sigma$,其中 $(x,y) \in d\sigma$,称 $f(x) d\sigma$ 为所求量 ΔU 的元素,并记作 dU.

3. 所求量 U 可表示成积分形式 $U = \iint\limits_{D} f(x,y) d\sigma$.

7.3.1   空间曲面的面积

空间曲面的面积

设曲面 S 由方程 $z=f(x,y)$ 给出,D_{xy} 为曲面 S 在 xOy 平面上的投影区域,函数 $f(x,y)$ 在 D_{xy} 上具有连续偏导数 $f_x(x,y)$ 和 $f_y(x,y)$,计算曲面的面积 A.

如图 7-17 所示,在闭区域 D_{xy} 上任取一直径很小的闭区域 $d\sigma$(它的面积也记作 $d\sigma$),在 $d\sigma$ 内取一点 $\rho(x,y)$,对应曲面 S 上一点 $M(x,y,f(x,y))$,曲面 S 在点 M 处的切平面设为 T.以小区域 $d\sigma$ 的边界为准线作母线平行于 z 轴的柱面,该柱面在曲面 S 上截下一小片曲面,在切平面 T 上截下一小片平面,由于 $d\sigma$ 的直径很小,切平面 T 上的一小片平面面积近似等于一小片曲面面积.

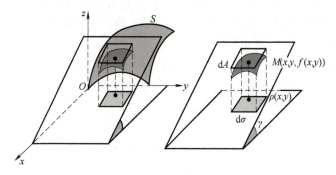

图　7-17

曲面 S 在点 M 处的法线向量(指向朝上)为

$$\boldsymbol{n} = (-f_x(x,y), -f_y(x,y), 1),$$

它与 z 轴正向所成夹角 γ 的方向余弦为

$$\cos\gamma = \frac{1}{\sqrt{f_x^2(x,y)+f_y^2(x,y)+1}},$$

而 $\mathrm{d}A = \dfrac{\mathrm{d}\sigma}{\cos\gamma}$,所以 $\mathrm{d}A = \sqrt{f_x^2(x,y)+f_y^2(x,y)+1}\,\mathrm{d}\sigma$.

这就是曲面 S 的面积元素,故

$$A = \iint\limits_{D} \sqrt{f_x^2(x,y)+f_y^2(x,y)+1}\,\mathrm{d}\sigma.$$

【例 7.3.1】　求半径为 R 的球的表面积.

分析:合理确定被积函数 $z = \sqrt{R^2-x^2-y^2}$,结合对称性可解.

解:上半球面方程为 $z = \sqrt{R^2-x^2-y^2}$,$x^2+y^2 \leqslant R^2$.

$$f_x(x,y) = \frac{-x}{\sqrt{R^2-x^2-y^2}}, f_y(x,y) = \frac{-y}{\sqrt{R^2-x^2-y^2}},$$

$$\sqrt{f_x^2(x,y)+f_y^2(x,y)+1} = \frac{R}{\sqrt{R^2-x^2-y^2}}.$$

所以　$A = 2\times \iint\limits_{x^2+y^2 \leqslant R^2} \sqrt{f_x^2(x,y)+f_y^2(x,y)+1}\,\mathrm{d}\sigma$

$$= 2\times \iint\limits_{x^2+y^2 \leqslant R^2} \frac{R}{\sqrt{R^2-x^2-y^2}}\mathrm{d}\sigma = 2R \int_0^{2\pi} \mathrm{d}\theta \int_0^R \frac{\rho\mathrm{d}\rho}{\sqrt{R^2-\rho^2}}$$

$$= -4\pi R \left[\sqrt{R^2-\rho^2} \right]_0^R = 4\pi R^2.$$

7.3.2　质心

设有一平面薄片,占有 xOy 平面上的闭区域 D,在点 $P(x,y)$ 处的面密度为 $\mu(x,y)$,假定 $\mu(x,y)$ 在 D 上连续.现在要求该薄片的质心坐标.

在闭区域 D 上任取一点 $P(x,y)$,及包含点 $P(x,y)$ 的一直径很小的闭区域 $\mathrm{d}\sigma$(其面积也记为 $\mathrm{d}\sigma$),则平面薄片对 x 轴和对 y 轴的力矩(仅考虑大小)元素分别为

$$\mathrm{d}M_x = y\mu(x,y)\mathrm{d}\sigma,\ \mathrm{d}M_y = x\mu(x,y)\mathrm{d}\sigma.$$

平面薄片对 x 轴和对 y 轴的力矩分别为

$$M_x = \iint_D y\mu(x,y)\mathrm{d}\sigma \text{ 和 } M_y = \iint_D x\mu(x,y)\mathrm{d}\sigma,$$

设平面薄片的质心坐标为 $(\bar{x},\bar{y})$,平面薄片的质量为 m,则有

$$\bar{x}m = M_y, \bar{y}m = M_x,$$

于是 $\bar{x} = \dfrac{M_y}{m} = \dfrac{\displaystyle\iint_D x\mu(x,y)\mathrm{d}\sigma}{\displaystyle\iint_D \mu(x,y)\mathrm{d}\sigma}, \bar{y} = \dfrac{M_x}{M} = \dfrac{\displaystyle\iint_D y\mu(x,y)\mathrm{d}\sigma}{\displaystyle\iint_D \mu(x,y)\mathrm{d}\sigma}.$

特别地,如果平面薄片是均匀的,即面密度是常数,则平面薄片的质心(称为形心)为

$$\bar{x} = \dfrac{\displaystyle\iint_D x\mathrm{d}\sigma}{S_D}, \bar{y} = \dfrac{\displaystyle\iint_D y\mathrm{d}\sigma}{S_D}.$$

【例 7.3.2】 求位于两圆 $\rho = 2\sin\theta$ 和 $\rho = 4\sin\theta$ 之间的均匀薄片的质心.

分析:根据公式,计算平面薄片对 x 轴和对 y 轴的力矩 M_x 和 M_y,再计算薄片的质量 m,代入公式即可.

解:因为闭区域 D 对称于 y 轴,所以质心 $C(\bar{x},\bar{y})$ 必位于 y 轴上,于是 $\bar{x} = 0$.

因为 $\displaystyle\iint_D y\mathrm{d}\sigma = \iint_D \rho^2\sin\theta\rho\mathrm{d}\rho\mathrm{d}\theta = \int_0^\pi \sin\theta\mathrm{d}\theta \int_{2\sin\theta}^{4\sin\theta} \rho^2\mathrm{d}\rho = 7\pi,$

$$S_D = \iint_D \mathrm{d}\sigma = \pi\times 2^2 - \pi\times 1^2 = 3\pi,$$

所以 $\displaystyle\bar{y} = \dfrac{\displaystyle\iint_D y\mathrm{d}\sigma}{S_D} = \dfrac{7\pi}{3\pi} = \dfrac{7}{3}.$

所求质心是 $C\left(0,\dfrac{7}{3}\right).$

7.3.3 转动惯量

设有一平面薄片,占有 xOy 平面上的闭区域 D,在点 $P(x,y)$ 处的面密度为 $\mu(x,y)$,假定 $\mu(x,y)$ 在 D 上连续.现在要求该薄片对于 x 轴的转动惯量和 y 轴的转动惯量.

在闭区域 D 上任取一点 $P(x,y)$,及包含点 $P(x,y)$ 的一直径很小的闭区域 $\mathrm{d}\sigma$(其面积也记为 $\mathrm{d}\sigma$),则平面薄片对于 x 轴的转动惯

量和 y 轴的转动惯量的元素分别为

$$\mathrm{d}J_x = y^2 \mu(x,y) \mathrm{d}\sigma, \quad \mathrm{d}J_y = x^2 \mu(x,y) \mathrm{d}\sigma,$$

整片平面薄片对于 x 轴的转动惯量和 y 轴的转动惯量分别为

$$J_x = \iint_D y^2 \mu(x,y) \mathrm{d}\sigma, \quad J_y = \iint_D x^2 \mu(x,y) \mathrm{d}\sigma.$$

【例 7.3.3】 求半径为 a 的均匀半圆薄片(面密度为常量 μ)对于其直径边的转动惯量.

分析:合理设置坐标系,以薄片的直径为轴,计算薄片对轴的转动惯量.

解:薄片所占闭区域 D 可以表示为

$$D = \{(x,y) \mid x^2 + y^2 \leqslant a^2, y \geqslant 0\}.$$

对所求转动惯量即半圆薄片对于 x 轴的转动惯量 J_x 有

$$J_x = \iint_D \mu y^2 \mathrm{d}\sigma = \mu \iint_D \rho^2 \sin^2\theta \cdot \rho \mathrm{d}\rho \mathrm{d}\theta = \mu \int_0^\pi \sin^2\theta \, \mathrm{d}\theta \int_0^a \rho^3 \mathrm{d}\rho$$

$$= \mu \frac{a^4}{4} \int_0^\pi \sin^2\theta \, \mathrm{d}\theta = \mu \frac{a^4}{4} \cdot \frac{\pi}{2} = \frac{1}{4} m a^2.$$

其中 $m = \frac{1}{2}\pi a^2 \mu$ 为半圆薄片的质量.

在我们学习了定积分和二重积分之后,可以很自然地推广到三重积分.

* 练习 7.3

1. 计算球面 $x^2 + y^2 + z^2 = a^2$ 含在 $x^2 + y^2 = ax$ 内部的面积.

2. 计算两个圆柱面 $x^2 + y^2 = R^2$ 和 $x^2 + z^2 = R^2$ 所围立体的表面积.

3. 设薄片所占的闭区域 D 如下,求均匀薄片的质心.

(1) D 由 $y = \sqrt{2px}$, $x = x_0$, $y = 0$ 所围成;

(2) D 是介于两个圆 $\rho = a\cos\theta$, $\rho = b\cos\theta$, $(0 < a < b)$ 之间的区域.

4. 设均匀薄片(面密度设为常数 1)所占的闭区域 D 如下,求指定的转动惯量.

(1) $D = \left\{ (x,y) \,\middle|\, \dfrac{x^2}{a^2} + \dfrac{y^2}{b^2} \leqslant 1 \right\}$,求: I_y;

(2) D 为矩形闭区域 $\{(x,y) \mid 0 \leqslant x \leqslant a, 0 \leqslant y \leqslant b\}$,求: I_x 和 I_y.

* 7.4 三 重 积 分

预备知识:定积分和二重积分的概念和性质;定积分和二重积分求解步骤和方法;定积分和二重积分的区域划分方法.

7.4.1　三重积分的概念

引例:设有一质量分布不均匀的物体占有空间区域 Ω,它在点 (x,y,z) 处的体密度为 $f(x,y,z)$,且函数 $f(x,y,z)$ 在区域 Ω 上连续,求物体的质量 m.

类似于求平面薄片的质量,我们用有限张曲面,把 Ω 任意分成 n 块小空间区域:$\Delta V_1,\Delta V_2,\cdots,\Delta V_n$,同时也用 $\Delta V_1,\Delta V_2,\cdots,\Delta V_n$ 表示第 i 块小区域的体积.然后,在每一块小区域上任取一点 (ξ_i,η_i,ζ_i),以该点处的密度 $f(\xi_i,\eta_i,\zeta_i)$ 近似代替小区域 ΔV_i 上各点处的密度,则第 i 块小区域的质量 Δm_i 的近似值为 $f(\xi_i,\eta_i,\zeta_i)\Delta V_i$,将这些近似值加起来,就得到物体的质量 m 的近似值,即

$$m\approx\sum_{i=1}^{n}f(\xi_i,\eta_i,\zeta_i)\Delta V_i.$$

分割得越细,近似值就越接近于物体的质量 m.因此,令第 n 块小区域的最大直径 λ 趋于零时,上述和式的极限就是物体的质量,即

$$m=\lim_{\lambda\to 0}\sum_{i=1}^{n}f(\xi_i,\eta_i,\zeta_i)\Delta V_i$$

不考虑其实际意义,对上面出现的和式极限,从数学角度加以抽象,可引入三重积分的概念.

定义 7.4　设 $f(x,y,z)$ 是定义在空间有界闭区域 Ω 上的有界函数,将 Ω 任意分成 n 个小区域 $\Delta V_1,\Delta V_2,\cdots,\Delta V_n$,其中 $\Delta V_1,\Delta V_2,\cdots,\Delta V_n$ 也表示第 i 个小区域的体积 $(i=1,2,\cdots,n)$.在每个小区域 ΔV_i 上任取一点 (ξ_i,η_i,ζ_i),作乘积 $f(\xi_i,\eta_i,\zeta_i)\Delta V_i$,并作和式 $\sum_{i=1}^{n}f(\xi_i,\eta_i,\zeta_i)\Delta V_i$,如果当各个小区域直径中的最大值 λ 趋于零时,这个和式的极限存在,且与对区域 Ω 的分法及 (ξ_i,η_i,ζ_i) 点的取法无关,则称此极限值为函数 $f(x,y,z)$ 在区域 Ω 上的三重积分,记作 $\iiint\limits_{\Omega}f(x,y,z)\mathrm{d}V$,即

$$\iiint\limits_{\Omega}f(x,y,z)\mathrm{d}V=\lim_{\lambda\to 0}\sum_{i=1}^{n}f(\xi_i,\eta_i,\zeta_i)\Delta V_i.$$

由定义 7.4 可见,前面引例中所讲的物体质量,就是密度函数 $f(x,y,z)$ 在 Ω 上的三重积分,即 $\iiint\limits_{\Omega}f(x,y,z)\mathrm{d}V$.特别地,如果在 Ω 上,$f(x,y,z)=1$,那么,三重积分在数值上就等于区域 Ω 的体积,即 $\iiint\limits_{\Omega}\mathrm{d}V=V$.

三重积分存在定理：当函数 $f(x,y,z)$ 在闭区域 Ω 上连续时，和式极限必存在，即函数 $f(x,y,z)$ 在区域 Ω 上的三重积分必定存在．此时，也称函数 $f(x,y,z)$ 在 Ω 上可积．

三重积分中值定理：当函数 $f(x,y,z)$ 在闭区域 Ω 上连续时，则在 Ω 中至少存在某一点 (ξ,η,ζ)，使得等式

$$\iiint\limits_{\Omega} f(x,y,z)\,\mathrm{d}V = f(\xi,\eta,\zeta)\,V$$

成立，其中 V 表示区域 Ω 的体积，其他性质不再重述．

7.4.2 三重积分在直角坐标系中的计算法

由于和式极限的存在与对区域 Ω 的分割方法无关，所以在直角坐标系中，如果用平行于坐标面的三组平面来分割区域 Ω，那么，除了靠近 Ω 边界曲面的一些不规则小区域外，得到的小区域 ΔV 为长方体，设长方体小区域 ΔV 的边长分别为 $\Delta x,\Delta y,\Delta z$，在直角坐标系中，体积元素为 $\Delta V = \Delta x \Delta y \Delta z$，从而有

$$\iiint\limits_{\Omega} f(x,y,z)\,\mathrm{d}V = \iiint\limits_{\Omega} f(x,y,z)\,\mathrm{d}x\mathrm{d}y\mathrm{d}z.$$

在直角坐标系中，计算二重积分是把积分式化为对 x,y 的二次积分来计算的．类似地，三重积分也可以化为对 x,y,z 的三次积分来计算．

假设平行于 z 轴且穿过区域 Ω 内部的直线与 Ω 的边界曲面相交不多于两点．把区域 Ω 投影到 xOy 平面上，得投影区域 D_{xy}．以 D_{xy} 的边界为准线母线，平行于 z 轴作柱面，该柱面与曲面的交线分为上、下两部分，它们的方程为 $z=z_1(x,y)$，$z=z_2(x,y)$．其中，$z=z_1(x,y)$ 与 $z=z_2(x,y)$ 都是 D_{xy} 上的连续函数，且过 D_{xy} 内任一点 (x,y) 作平行于 z 轴的直线，这直线通过曲面 $z=z_1(x,y)$ 穿入 Ω，然后通过 $z=z_2(x,y)$ 穿出 Ω，穿入点与穿出点的竖坐标分别为 (x,y,z_1) 与 (x,y,z_2)．先固定点 (x,y)，把 x,y 看作定值，从而 $f(x,y,z)$ 只是 z 的函数．将这个函数在 z 的变化区间 $[z_1(x,y),z_2(x,y)]$ 上对 z 积分，积分的结果仍然是 x,y 的函数，记作 $\int_{z_1(x,y)}^{z_2(x,y)} f(x,y,z)\,\mathrm{d}z$，然后计算 $\int_{z_1(x,y)}^{z_2(x,y)} f(x,y,z)\,\mathrm{d}z$ 在平面区域 D_{xy} 上的二重积分，便得所求的三重积分，即

$$\iint\limits_{D_{xy}} \left[\int_{z_1(x,y)}^{z_2(x,y)} f(x,y,z)\,\mathrm{d}z \right] \mathrm{d}x\mathrm{d}y = \iint\limits_{D_{xy}} \mathrm{d}x\mathrm{d}y \int_{z_1(x,y)}^{z_2(x,y)} f(x,y,z)\,\mathrm{d}z$$

$$= \int_a^b \mathrm{d}x \int_{y_1(x)}^{y_2(x)} \mathrm{d}y \int_{z_1(x,y)}^{z_2(x,y)} f(x,y,z)\,\mathrm{d}z.$$

这就是把三重积分化为先对 z，再对 y，最后对 x 的三次积分的计算公式．

如果平行于 x 轴或 y 轴且穿过区域 Ω 内部的任何直线与 Ω 的边界曲面相交不多于两点,那么,也可以把区域 Ω 投影到 yOz 平面或 zOx 平面上,只要先对 x 或 y 积分一次,再在投影区域 D_{yz} 或 D_{zx} 上作二重积分,可分别得到类似的结果.

注意:如果平行于坐标轴且穿过区域 Ω 内部的直线与 Ω 的边界曲面相交多于两点,那么,也可作某些辅助曲面,把 Ω 分成若干个部分区域,使每个部分区域都满足上述"相交不多于两点"的条件,这样,就可以把在 Ω 上的三重积分化为各部分区域上的三重积分的和.

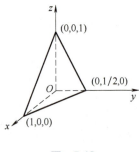

图　7-18

【例 7.4.1】　将 $\iiint\limits_{\Omega}x\mathrm{d}x\mathrm{d}y\mathrm{d}z$ 化为三次积分,其中区域 Ω 由 $x=0$, $y=0,z=0,x+2y+z=1$ 围成.

分析:对于给定的区域 Ω,如图 7-18 所示,将其划分为合理的坐标表达格式,例如以 xOy 平面上的三角形区域为底面来计算.

解:

$$\iiint\limits_{\Omega}x\mathrm{d}x\mathrm{d}y\mathrm{d}z = \iint\limits_{D}\mathrm{d}x\mathrm{d}y\int_{0}^{1-x-2y}x\mathrm{d}z = \int_{0}^{1}\mathrm{d}x\int_{0}^{\frac{1-x}{2}}\mathrm{d}y\int_{0}^{1-x-2y}x\mathrm{d}z,$$

将三重积分化为三次积分关键是求出 Ω 在 xOy 平面的投影区域、D 以及确定 Ω 的上、下边界即定积分的上、下限.

7.4.3　三重积分在柱面坐标系中的计算

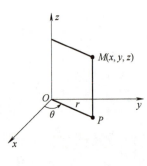

图　7-19

柱面坐标系的概念　如图 7-19 所示,设 $M(x,y,z)\in\Omega$,M 在 xOy 平面上的投影为 $P(x,y)$,P 点的极坐标为 $P(x,y)=P(r,\theta)$,则得到 $M(x,y,z)\Rightarrow M(r,\theta,z)$.

这里规定:$0\leqslant r<+\infty$,$0\leqslant\theta\leqslant 2\pi$,$-\infty<z<+\infty$.

简单地说,柱面坐标就是 xOy 平面上的极坐标与 z 轴的直角坐标的复合.

r 为常数 $\Rightarrow$ 以 z 轴为轴,半径为 r 的圆柱面;

θ 为常数 $\Rightarrow$ 过 z 轴的半平面;

z 为常数 $\Rightarrow$ 平行于 xOy 面的平面.

柱面坐标与直角坐标的关系为:

$$x=r\cos\theta,y=r\sin\theta,z=z.$$

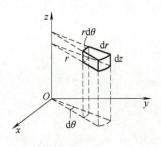

用柱面坐标计算三重积分,关键是求体积元素 $\mathrm{d}V$,由图 7-20 可以看出

$$\mathrm{d}V=r\mathrm{d}\theta\mathrm{d}r\mathrm{d}z,$$

于是,在柱面坐标系下的三重积分化为

$$\iiint\limits_{\Omega}f(x,y,z)\mathrm{d}x\mathrm{d}y\mathrm{d}z = \iiint\limits_{\Omega}f(r\cos\theta,r\sin\theta,z)r\mathrm{d}r\mathrm{d}\theta\mathrm{d}z.$$

图　7-20

再根据 Ω 中 z,r,θ 的关系,化为三次积分,一般先对 z 积分,再对 r

积分,最后对 θ 积分.

【例 7.4.2】 计算 $\iiint\limits_{\Omega} z\mathrm{d}x\mathrm{d}y\mathrm{d}z$, Ω 由曲面 $z=x^2+y^2$ 与平面 $z=4$ 所围成.

解: Ω 在 xOy 平面上的投影为区域 $D: x^2+y^2 \le 4$,

因此
$$\iiint\limits_{\Omega} z\mathrm{d}x\mathrm{d}y\mathrm{d}z = \iint\limits_{D}\mathrm{d}x\mathrm{d}y\int_{x^2+y^2}^{4} z\mathrm{d}z = \iint\limits_{D} r\mathrm{d}r\mathrm{d}\theta\int_{r^2}^{4} z\mathrm{d}z$$
$$= \int_{0}^{2\pi}\mathrm{d}\theta\int_{0}^{2}\mathrm{d}r\int_{r^2}^{4} rz\mathrm{d}z = \frac{64}{3}\pi.$$

* 练习 7.4

1. 化三重积分 $I = \iiint\limits_{\Omega} f(x,y,z)\,\mathrm{d}x\mathrm{d}y\mathrm{d}z$ 为三次积分,其中积分区域 Ω 分别是:

(1) 由曲面 $z=x^2+y^2$ 及平面 $z=1$ 所围的封闭区域;

(2) 由曲面 $z=x^2+2y^2$ 及 $z=2-x^2$ 所围的封闭区域;

2. 计算下列三重积分:

(1) $\iiint\limits_{\Omega} xy^2z^3\mathrm{d}x\mathrm{d}y\mathrm{d}z$,其中 Ω 由曲面 $z=xy$ 及平面 $y=x$, $z=0$, $x=1$ 围成;

(2) $\iiint\limits_{\Omega} xyz\mathrm{d}x\mathrm{d}y\mathrm{d}z$,其中 Ω 由曲面 $x^2+y^2+z^2=1$ 及平面 $x\ge0$, $y\ge0$, $z\ge0$ 围成.

3. 用柱坐标系计算下列积分:

(1) $\iiint\limits_{\Omega} z\mathrm{d}V$,其中 Ω 是由曲面 $z=\sqrt{2-x^2-y^2}$ 及 $z=x^2+y^2$ 所围的封闭区域;

(2) $\iiint\limits_{\Omega}(x^2+y^2)\mathrm{d}v$,其中 Ω 是由曲面 $x^2+y^2=2z$ 及平面 $z=2$ 所围的封闭区域.

定积分和重积分的实质,就是无限分割之后的累积求和过程,如果具备有限和值,那么称之为积分收敛,反之称为积分发散或者积分不存在.下一章我们将讨论相似的命题:无穷个数累积求和能否收敛到一个定值? 这就是无穷级数问题.除此之外,我们还可以获取无理数的求值方法.

本 章 小 结

二重积分

概念与性质
- 定义:$\displaystyle\iint\limits_{D}f(x,y)\mathrm{d}\sigma=\lim_{\lambda\to0}\sum_{i=1}^{n}f(\xi_i,\eta_i)\Delta\sigma_i$
- 性质:连续函数存在二重积分
- 区域可加性:$\displaystyle\iint\limits_{D}f(x,y)\mathrm{d}\sigma=\iint\limits_{D_1}f(x,y)\mathrm{d}\sigma+\iint\limits_{D_2}f(x,y)\mathrm{d}\sigma$
- 积分中值定理:$\displaystyle\iint\limits_{D}f(x,y)\mathrm{d}\sigma=f(\xi,\eta)\cdot S_D$

计算
- 直角坐标
  - X 型区域:$\displaystyle\int_a^b\mathrm{d}x\int_{\varphi_1(x)}^{\varphi_2(x)}f(x,y)\mathrm{d}y$
  - Y 型区域:$\displaystyle\int_c^d\mathrm{d}y\int_{\psi_1(y)}^{\psi_2(y)}f(x,y)\mathrm{d}x$
  - X 型区域和 Y 型区域的转换方法
  - 选择不同积分区域的原则:可行、简便
- 极坐标
  - 极点在区域内:$\displaystyle\int_0^{2\pi}\mathrm{d}\theta\int_0^{\rho(\theta)}f(\rho\cos\theta,\rho\sin\theta)\rho\mathrm{d}\rho$
  - 极点在区域外:$\displaystyle\int_\alpha^\beta\mathrm{d}\theta\int_{\rho_1(\theta)}^{\rho_2(\theta)}f(\rho\cos\theta,\rho\sin\theta)\rho\mathrm{d}\rho$
  - 极点在区域的边界上:$\displaystyle\int_\alpha^\beta\mathrm{d}\theta\int_0^{\rho(\theta)}f(\rho\cos\theta,\rho\sin\theta)\rho\mathrm{d}\rho$

应用
- 微元法:$\mathrm{d}U=f(x)\mathrm{d}\sigma\rightarrow U=\displaystyle\iint\limits_{D}f(x,y)\mathrm{d}\sigma$
- 空间曲面的面积:$A=\displaystyle\iint\limits_{D}\sqrt{f_x^2(x,y)+f_y^2(x,y)+1}\,\mathrm{d}\sigma$
- 平面薄片的质心:$\bar{x}=\dfrac{M_y}{m}=\dfrac{\displaystyle\iint\limits_{D}x\mu(x,y)\mathrm{d}\sigma}{\displaystyle\iint\limits_{D}\mu(x,y)\mathrm{d}\sigma}$,$\bar{y}=\dfrac{M_x}{m}=\dfrac{\displaystyle\iint\limits_{D}y\mu(x,y)\mathrm{d}\sigma}{\displaystyle\iint\limits_{D}\mu(x,y)\mathrm{d}\sigma}$
- 平面薄片的转动惯量:$J_x=\displaystyle\iint\limits_{D}y^2\mu(x,y)\mathrm{d}\sigma$,$J_y=\displaystyle\iint\limits_{D}x^2\mu(x,y)\mathrm{d}\sigma$

复习题 7

1. 根据积分的性质比较 $\displaystyle\iint\limits_{D}(x+y)^2\mathrm{d}x\mathrm{d}y$ 与 $\displaystyle\iint\limits_{D}(x+y)^3\mathrm{d}x\mathrm{d}y$ 的大

小,其中 D 是 x 轴、y 轴与直线 $x+y=1$ 围成的闭区域.

2. 估计积分 $\iint\limits_{D}(1+x+y)\,dxdy$ 的值,其中 D 是 x 轴、y 轴与直线 $x+y=1$ 围成的闭区域.

3. 计算 $\iint\limits_{D}xy\,dxdy$,其中 D 是 $y=x$ 与 $y=x^2$ 围成的区域.

4. 利用极坐标计算积分 $\iint\limits_{D}\sin\sqrt{x^2+y^2}\,dxdy$,其中 $D=\{(x,y)\mid\pi^2\leqslant x^2+y^2\leqslant 4\pi^2\}$.

5. 交换二次积分 $\int_1^2 dx\int_1^{x^2}f(x,y)\,dy$ 的顺序.

6. 化二次积分 $\int_0^1 dx\int_x^{\sqrt{3}x}f(x^2+y^2)\,dy$ 为极坐标下的二重积分的形式.

7. 计算二重积分 $I=\iint\limits_{D}e^{-x^2-y^2}\,dxdy$,其中 D 是圆域 $x^2+y^2\leqslant 1$.

8. 设 $f(x)$ 在 $[0,1]$ 上连续,并设 $\int_0^1 f(x)\,dx=A$,求 $\int_0^1 dx\int_x^1 f(x)f(y)\,dy$.

*9. 设 $f(x)$ 在 $[a,b]$ 上连续,且 $f(x)>0$,证明:$\int_a^b f(x)\,dx\int_a^b\dfrac{dx}{f(x)}\geqslant(b-a)^2$.

*10. 计算 $I=\iint\limits_{D}|(x^2+y^2-2x)|\,dxdy$,其中 $D:x^2+y^2\leqslant 4$.

【阅读 7】

微积分的发明者之一牛顿

艾萨克·牛顿(1643—1727),爵士,英国皇家学会会长,英国著名的物理学家,百科全书式的"全才",著有《自然哲学的数学原理》《光学》.

他在 1687 年发表的论文《自然定律》里,对万有引力和三大运动定律进行了描述.在力学领域,牛顿阐明了动量和角动量守恒的原理,提出牛顿运动定律.在光学领域,他发明了反射望远镜,并基于对三棱镜将白光发散成可见光的观察,发展出了颜色理论等.在数学领域,牛顿与莱布尼茨分享了创立微积分学的荣誉.他也证明了广义二项式定理,提出了"牛顿法"以趋近函数的零点,并推动了幂级数的研究.

天资聪慧的牛顿一生为物理和数学做出了伟大的贡献.牛顿对于微积分的认识得益于笛卡儿的《几何学》,他对这本书很是痴迷,反复阅读,想从书中找到在求切线的"圆法"的问题上的更好的方法.他在处理这个问题的时候,用小 0 表示趋于零的增量.到了 1665 年,牛顿第一次提出了"流数术",之后,他的家乡发生了瘟疫,但他并没有停止在微积分上研究的步伐,继续在微积分的海洋里遨游,并且取得很大的进展.牛顿自己曾经说过,他发明了正流数术后,紧接着在反流数术上也取得了进展,其实正流数术就是相应的微分法,反流数术就是相应的积分法.到了1666年,牛顿开始整理他这两年的研究内容,并对取得的成果进行总结,最终《流数简论》问世.这本书是最早的有关微积分的比较系统的资料书,主要体现的是微积分在物理运动中的应用,在数学方面的体现并没有太多.在本书中,流数术是以速度形式引入的,但并没有提及流数这一术语,该书并不能看作是对微积分基本定理的严格的证明.

之后,牛顿又对微积分基本定理做出了一些证明,并且不是以运动学为背景做出的证明,且证明的过程也相对清晰不少.在之前的数学家眼中,面积被大家看作是无限小且不能分割的量的和,牛顿却打破了常有的思想,他从确定面积的变化率为切入点,然后通过反微分进行计算.面积与切线的关系曾经被人提及过,但总是模模糊糊的,并没有人给出什么相关的证明.牛顿作为那个年代最为杰出的数学家,总是对数学有十分敏锐的察觉,他巧妙地发现了两者的关系,并用一种简单明了的公式向大家展示.牛顿曾经认为,如果把反微分的问题解决,那么好多问题将迎刃而解.牛顿在数学界完成了一件从古希腊遗留下的问题,他把求解无限小问题的各种方法技巧进行了统一,形成更简便的应用方法——正反流数术(也就是微分与积分),通过证明两者的互逆关系,把两种运算统一成整体.这样的成就是前无古人的,也正是因为如此,我们才会说牛顿发明了微积分.

8

第8章

无穷级数

无穷级数是微积分学的一个重要组成部分,本质上它是一种特殊数列的极限.它是一种表示函数、研究函数性质以及进行数值计算的工具,在微积分的进一步发展及其在各种实际问题中的应用都起着非常重要的作用.本章先讨论常数项级数,介绍一些级数的基本知识,然后讨论幂级数及其应用.

8.1 数项级数的概念及性质

预备知识:数列极限的定义及四则运算法则;若 $\lim\limits_{n\to\infty} x_n = A$,

$\lim\limits_{n\to\infty} y_n = B$,则 $\lim\limits_{n\to\infty}(x_n \pm y_n) = A \pm B$,$\lim\limits_{n\to\infty}(x_n \cdot y_n) = A \cdot B$,$\lim\limits_{n\to\infty}\dfrac{x_n}{y_n} = \dfrac{A}{B}$ $(B \neq 0)$;

第二类重要极限:$\lim\limits_{n\to\infty}\left(1 + \dfrac{1}{n}\right)^n = \mathrm{e}$;等比数列 $a, aq, aq^2, \cdots, aq^n, \cdots$

数项级数的
概念及性质

$(a \neq 0)$ 的前 n 项和公式 $S_n = \begin{cases} \dfrac{a(1-q^n)}{1-q}, & q \neq 1, \\ na, & q = 1; \end{cases}$ q^n 的极限

$$\lim_{n\to +\infty} q^n = \begin{cases} 0, & |q| < 1, \\ \infty, & |q| > 1, \\ 1, & q = 1, \\ \text{不存在}, & q = -1. \end{cases}$$

8.1.1 常数项级数的概念

定义 8.1 给定一个数列

$$u_1, u_2, u_3, \cdots, u_n, \cdots,$$

则由此数列构成的表达式

$$u_1 + u_2 + u_3 + \cdots + u_n + \cdots$$

叫作(常数项)无穷级数,简称**常数项级数**,记为 $\sum\limits_{n=1}^{\infty} u_n$,即

定义 8.1-8.2 常数
项级数及收敛的定义

$$\sum_{n=1}^{\infty} u_n = u_1 + u_2 + u_3 + \cdots + u_n + \cdots,$$

其中第 n 项 u_n 叫作级数的一般项.

作级数 $\sum\limits_{n=1}^{\infty} u_n$ 的前 n 项和

$$s_n = \sum_{i=1}^{n} u_i = u_1 + u_2 + u_3 + \cdots + u_n.$$

s_n 称为级数 $\sum\limits_{n=1}^{\infty} u_n$ 的**部分和**.当 n 依次取 $1,2,3,\cdots$ 时,它们构成一个新的数列:

$$s_1 = u_1, s_2 = u_1 + u_2, s_3 = u_1 + u_2 + u_3, \cdots, s_n = u_1 + u_2 + \cdots + u_n, \cdots,$$

根据这个数列是否有极限,我们给出无穷级数收敛与发散的概念.

> **定义 8.2**　如果级数 $\sum\limits_{n=1}^{\infty} u_n$ 的部分和数列 $\{s_n\}$ 有极限 s,即
>
> $$\lim_{n \to \infty} s_n = s,$$
>
> 则称无穷级数 $\sum\limits_{n=1}^{\infty} u_n$ 收敛,这时极限 s 称为级数的和,并写成
>
> $$s = \sum_{n=1}^{\infty} u_n = u_1 + u_2 + \cdots + u_n + \cdots,$$
>
> 这时也称该级数收敛于 s.若部分和数列的极限不存在,则称级数 $\sum\limits_{n=1}^{\infty} u_n$ 发散.

当级数 $\sum\limits_{n=1}^{\infty} u_n$ 收敛时,其部分和 s_n 是级数 $\sum\limits_{n=1}^{\infty} u_n$ 的和 s 的近似值,它们之间的差值

$$r_n = s - s_n = u_{n+1} + u_{n+2} + \cdots$$

称为级数 $\sum\limits_{n=1}^{\infty} u_n$ 的**余项**.

【**例 8.1.1**】　讨论等比级数 $\sum\limits_{n=0}^{\infty} aq^n (a \neq 0)$ 的敛散性.

分析:利用级数收敛的定义,先求出部分和 s_n,判断 s_n 的敛散性.

解:如果 $q \neq 1$,则部分和

$$s_n = a + aq + aq^2 + \cdots + aq^{n-1} = \frac{a - aq^n}{1-q} = \frac{a}{1-q} - \frac{aq^n}{1-q},$$

当 $|q| < 1$ 时,由于 $\lim\limits_{n \to \infty} s_n = \dfrac{a}{1-q}$,从而级数 $\sum\limits_{n=0}^{\infty} aq^n$ 收敛,且其和为 $\dfrac{a}{1-q}$;

当 $|q| > 1$ 时,由于 $\lim\limits_{n \to \infty} s_n = \infty$,从而级数 $\sum\limits_{n=0}^{\infty} aq^n$ 发散;

当 $q = 1$ 时,$s_n = na \to \infty$,因此级数 $\sum\limits_{n=0}^{\infty} aq^n$ 发散;

当 $q = -1$ 时,级数 $\sum\limits_{n=0}^{\infty} aq^n$ 成为

$$a - a + a - a + \cdots,$$

当 n 为奇数时,$s_n = a$;而当 n 为偶数时,$s_n = 0$.因此当 $n \to \infty$ 时,s_n 的极限不存在,从而级数 $\sum\limits_{n=0}^{\infty} aq^n$ 发散.

综上所述,如果 $|q| < 1$,则级数 $\sum\limits_{n=0}^{\infty} aq^n$ 收敛,其和为 $\dfrac{a}{1-q}$;如果 $|q| \geqslant 1$,则级数 $\sum\limits_{n=0}^{\infty} aq^n$ 发散.

【例 8.1.2】　证明级数

$$1 + 2 + 3 + \cdots + n + \cdots$$

是发散的.

分析:利用级数发散的定义,验证部分和数列 $\{s_n\}$ 的极限不存在.

证明:此级数的部分和为

$$s_n = 1 + 2 + 3 + \cdots + n = \frac{n(n+1)}{2}.$$

显然,$\lim\limits_{n \to \infty} s_n = \infty$,因此所给级数是发散的.

【例 8.1.3】　判别无穷级数

$$\frac{1}{1 \cdot 2} + \frac{1}{2 \cdot 3} + \frac{1}{3 \cdot 4} + \cdots + \frac{1}{n(n+1)} + \cdots$$

的收敛性.

分析:利用拆项相消及级数收敛的定义进行计算.

解:由于

$$u_n = \frac{1}{n(n+1)} = \frac{1}{n} - \frac{1}{n+1},$$

因此

$$\begin{aligned}
s_n &= \frac{1}{1 \cdot 2} + \frac{1}{2 \cdot 3} + \frac{1}{3 \cdot 4} + \cdots + \frac{1}{n(n+1)} \\
&= \left(1 - \frac{1}{2}\right) + \left(\frac{1}{2} - \frac{1}{3}\right) + \cdots + \left(\frac{1}{n} - \frac{1}{n+1}\right) \\
&= 1 - \frac{1}{n+1},
\end{aligned}$$

从而

$$\lim_{n \to \infty} s_n = \lim_{n \to \infty} \left(1 - \frac{1}{n+1}\right) = 1.$$

所以此级数收敛,它的和是 1.

8.1.2　收敛级数的基本性质

根据数项级数收敛的概念和极限的运算法则,可以得出级数的如下基本性质.

性质 1　如果级数 $\sum\limits_{n=1}^{\infty} u_n$ 收敛于和 s,则将它的各项同乘以一个常数 k 所得的级数 $\sum\limits_{n=1}^{\infty} ku_n$ 也收敛,且其和为 ks.

证明:设级数 $\sum\limits_{n=1}^{\infty} u_n$ 与 $\sum\limits_{n=1}^{\infty} ku_n$ 的部分和分别为 s_n 与 σ_n,则

$$\lim_{n\to\infty}\sigma_n = \lim_{n\to\infty}(ku_1+ku_2+\cdots+ku_n) = k\lim_{n\to\infty}(u_1+u_2+\cdots+u_n) = k\lim_{n\to\infty}s_n = ks.$$

这表明级数 $\sum\limits_{n=1}^{\infty} ku_n$ 收敛,且和为 ks.

性质 2　如果级数 $\sum\limits_{n=1}^{\infty} u_n$,$\sum\limits_{n=1}^{\infty} v_n$ 分别收敛于和 s,σ,则级数 $\sum\limits_{n=1}^{\infty}(u_n \pm v_n)$ 也收敛,且其和为 $s \pm \sigma$.

证明:　设 $\sum\limits_{n=1}^{\infty} u_n$,$\sum\limits_{n=1}^{\infty} v_n$,$\sum\limits_{n=1}^{\infty}(u_n \pm v_n)$ 的部分和分别为 s_n,σ_n,τ_n,则

$$
\begin{aligned}
\lim_{n\to\infty}\tau_n &= \lim_{n\to\infty}\left[(u_1 \pm v_1)+(u_2 \pm v_2)+\cdots+(u_n \pm v_n)\right] \\
&= \lim_{n\to\infty}\left[(u_1+u_2+\cdots+u_n) \pm (v_1+v_2+\cdots+v_n)\right] \\
&= \lim_{n\to\infty}(s_n \pm \sigma_n) = s \pm \sigma.
\end{aligned}
$$

性质 2 表明,两个收敛级数逐项相加或逐项相减所构成的新级数仍然收敛.

利用反证法不难证明以下推论.

推论　如果级数 $\sum\limits_{n=1}^{\infty} u_n$,$\sum\limits_{n=1}^{\infty} v_n$ 中有一个收敛,另外一个发散,则级数 $\sum\limits_{n=1}^{\infty}(u_n \pm v_n)$ 必发散.

性质 3　在级数中去掉、增加或改变有限项,不会改变级数的敛散性.

证明:我们先考虑在级数中去掉一项的情形.

设在级数 $\sum\limits_{n=1}^{\infty} u_n$ 中删去第 k 项 u_k,得到新的级数

$$u_1+u_2+\cdots+u_{k-1}+u_{k+1}+\cdots,$$

则新级数的部分和 s'_n 与原级数的部分和 s_n 之间有如下关系式:

$$s_n' = \begin{cases} s_n, & n \leqslant k-1, \\ s_{n+1} - u_k, & n \geqslant k, \end{cases}$$

从而数列 $\{s_n'\}$ 与 $\{s_n\}$ 具有相同的敛散性.

若去掉的是有限项,则可看成每次去掉一项,去掉了有限次,级数的敛散性一直保持不变.

类似地,可以证明在级数中增加、改变有限项(可看成先去掉有限项,再增加有限项的情况),不改变级数的敛散性.

性质 4 如果级数 $\sum\limits_{n=1}^{\infty} u_n$ 收敛,则对此级数的项任意加括号后所形成的级数仍收敛,且其和不变.

该性质的证明从略.

要注意的是:如果加括号后的级数收敛,不能推断原来未加括号的级数也收敛.例如级数

$$(1-1) + (1-1) + \cdots + (1-1) + \cdots$$

收敛于零,但级数

$$\sum_{n=0}^{\infty} (-1)^n = 1 - 1 + 1 - 1 + \cdots$$

是发散的.这是因为 $s_n = \begin{cases} 0, n \text{ 为偶数}, \\ 1, n \text{ 为奇数}, \end{cases}$ 因而 $\{s_n\}$ 的极限不存在.

由性质 4 可得结论:如果加括号后的级数发散,则原级数一定发散.

性质 5(级数收敛的必要条件) 如果级数 $\sum\limits_{n=1}^{\infty} u_n$ 收敛,则 $\lim\limits_{n\to\infty} u_n = 0$.

证明:设 $\sum\limits_{n=1}^{\infty} u_n = s$,即 $\lim\limits_{n\to\infty} s_n = s$,则 $\lim\limits_{n\to\infty} s_{n-1} = s$,

且有

$$\lim_{n\to\infty} u_n = \lim_{n\to\infty} (s_n - s_{n-1}) = \lim_{n\to\infty} s_n - \lim_{n\to\infty} s_{n-1} = s - s = 0.$$

推论 如果级数 $\sum\limits_{n=1}^{\infty} u_n$ 的通项 u_n,当 $n\to\infty$ 时不趋于零,则此级数必发散.

需要注意的是:级数的一般项趋于零并不是级数收敛的充分条件,比如**调和级数**

$$\sum_{n=1}^{\infty} \frac{1}{n} = 1 + \frac{1}{2} + \frac{1}{3} + \cdots + \frac{1}{n} + \cdots,$$

它的一般项 $u_n = \dfrac{1}{n} \to 0 (n\to\infty)$,但它是发散的.

假设级数 $\sum\limits_{n=1}^{\infty} \dfrac{1}{n}$ 收敛且其和为 s, s_n 是它的部分和.

▶ 性质 5 及推论

▶ 调和级数
发散的证明

显然有
$$\lim_{n\to\infty}s_n = s \quad 及 \quad \lim_{n\to\infty}s_{2n} = s,$$
于是
$$\lim_{n\to\infty}(s_{2n}-s_n)=0.$$
但另一方面,

$$s_{2n}-s_n = \frac{1}{n+1}+\frac{1}{n+2}+\cdots+\frac{1}{2n} > \frac{1}{2n}+\frac{1}{2n}+\cdots+\frac{1}{2n} = \frac{1}{2},$$

故 $\lim\limits_{n\to\infty}(s_{2n}-s_n)\neq 0$,出现矛盾.这矛盾说明级数 $\sum\limits_{n=1}^{\infty}\dfrac{1}{n}$ 必定发散.

从级数收敛的必要条件可以得出如下推论,该推论可作为判定级数发散的方法.

推论   若 $\lim\limits_{n\to\infty}u_n\neq 0$,则级数 $\sum\limits_{n=1}^{\infty}u_n$ 必发散.

【例 8.1.4】   判断级数 $\sum\limits_{n-1}^{\infty}\left(1+\dfrac{1}{n}\right)^n$ 的敛散性.

分析:利用级数收敛的必要条件进行判断.

解:因

$$\lim_{n\to\infty}u_n = \lim_{n\to\infty}\left(1+\frac{1}{n}\right)^n = e\neq 0,$$

所以该级数发散.

【例 8.1.5】   判别级数 $\sum\limits_{n=1}^{\infty}\sin\dfrac{n\pi}{2}$ 的敛散性.

分析:级数的一般项 $1,0,-1,0$ 交替出现,利用级数收敛的必要条件进行判断.

解:注意到级数

$$\sum_{n=1}^{\infty}\sin\frac{n\pi}{2} = 1+0-1+0+1+0-1+0+\cdots,$$

通项 $u_n = \sin\dfrac{n\pi}{2}$,当 $n\to\infty$ 时,极限不存在,所以该级数发散.

在判定级数是否收敛时,我们往往先观察当 $n\to\infty$ 时,通项的极限是否为零.仅当 $\lim\limits_{n\to\infty}u_n=0$ 时,再利用其他方法来进一步确定级数收敛或发散.

本节我们学习了数项级数的概念及收敛与发散的定义,一般情况下,对于给定的级数,利用定义来判断其敛散性往往是比较困难的,因为需要先求出级数的部分和 s_n,然后判断 s_n 的敛散性.例如下列级数: $\sum\limits_{n=1}^{\infty}\dfrac{1}{n^p}$, $\sum\limits_{n=1}^{\infty}\sin\dfrac{1}{n}$, $\sum\limits_{n=1}^{\infty}\dfrac{n+1}{n^2+4n+2}$,其对应的部分和不易求解,那么是否有更好的方法呢? 下节将介绍级数收敛的若干判别方法.

练习 8.1

1. 写出下列级数的一般项.

（1） $1+\dfrac{1}{3}+\dfrac{1}{5}+\dfrac{1}{7}+\cdots$；

（2） $\ln\dfrac{1}{2}+2\ln\dfrac{2}{3}+3\ln\dfrac{3}{4}+\cdots$；

（3） $\dfrac{2}{1}-\dfrac{3}{2}+\dfrac{4}{3}-\dfrac{5}{4}+\dfrac{6}{5}+\cdots$；

（4） $\dfrac{\sqrt{x}}{2}+\dfrac{x}{2\cdot4}+\dfrac{x\sqrt{x}}{2\cdot4\cdot6}+\dfrac{x^2}{2\cdot4\cdot6\cdot8}\cdots$.

2. 判别下列级数的收敛性，若收敛则求其和.

（1） $\displaystyle\sum_{n=1}^{\infty}\left(\dfrac{1}{2^n}+\dfrac{1}{3^n}\right)$；　　　　（2） $\displaystyle\sum_{n=1}^{\infty}(\sqrt{n+1}-\sqrt{n})$；

（3） $\displaystyle\sum_{n=1}^{\infty}\dfrac{1}{n(n+1)(n+2)}$；　　（4） $\displaystyle\sum_{n=1}^{\infty}\left(\dfrac{1}{n}+\dfrac{1}{2^n}\right)$；

（5） $\displaystyle\sum_{n=1}^{\infty}\dfrac{1}{n+1}$；　　　　　　　（6） $\displaystyle\sum_{n=1}^{\infty}\dfrac{1}{(2n+1)(2n-1)}$；

（7） $\displaystyle\sum_{n=1}^{\infty}\dfrac{n+1}{n}$；　　　　　　　（8） $\displaystyle\sum_{n=1}^{\infty}\ln\dfrac{n}{n+1}$；

（9） $\displaystyle\sum_{n=0}^{\infty}\sin\dfrac{n\pi}{6}$；　　　　　　（10） $\displaystyle\sum_{n=1}^{\infty}n\ln\dfrac{n}{n+1}$；

（11） $\displaystyle\sum_{n=1}^{\infty}\dfrac{1}{4n}$；　　　　　　　（12） $\displaystyle\sum_{n=1}^{\infty}\dfrac{1}{\sqrt[n]{3}}$.

8.2 数项级数的收敛判别法

预备知识：级数收敛的定义及性质；单调有界数列必有极限；收敛数列必有界；等价无穷小：$x\to0$ 时，$\sin x\sim x$，$\ln(1+x)\sim x$；两类重要极限：$\displaystyle\lim_{x\to0}\dfrac{\sin x}{x}=1$，$\displaystyle\lim_{n\to\infty}\left(1+\dfrac{1}{n}\right)^n=\mathrm{e}$.

📖 数项级数的
收敛判别法

8.2.1 正项级数及其审敛法

在级数 $\displaystyle\sum_{n=1}^{\infty}u_n$ 中，如果每一项 $u_n\geqslant0$（$n=1,2,3\cdots$），则称该级数为**正项级数**.此时级数的部分和 s_n 满足 $s_{n+1}=s_n+u_n\geqslant s_n$，从而部分和数列 $\{s_n\}$ 单调递增，即

$$s_1 \leqslant s_2 \leqslant \cdots \leqslant s_n \leqslant \cdots.$$

如果数列 $\{s_n\}$ 有界,根据单调有界数列必有极限的定理可知,级数 $\sum\limits_{n=1}^{\infty} u_n$ 必收敛于和 s.反之,如果正项级数 $\sum\limits_{n=1}^{\infty} u_n$ 收敛于和 s,即 $\lim\limits_{n \to \infty} s_n = s$,根据有极限的数列是有界数列的性质可知,数列 $\{s_n\}$ 有界.因此,我们得到正项级数收敛的基本定理.

定理 8.1(正项级数的基本收敛定理) 正项级数 $\sum\limits_{n=1}^{\infty} u_n$ 收敛的充要条件是其部分和数列 $\{s_n\}$ 有界.

【例 8.2.1】 判断正项级数 $\sum\limits_{n=1}^{\infty} \dfrac{\sin \dfrac{\pi}{n}}{2^n}$ 的敛散性.

分析:利用正项级数收敛的基本定理进行判断.

解:级数部分和

$$s_n = \frac{0}{2} + \frac{1}{4} + \frac{\sin \dfrac{\pi}{3}}{8} + \frac{\sin \dfrac{\pi}{4}}{16} + \cdots + \frac{\sin \dfrac{\pi}{n}}{2^n}$$

$$< \frac{1}{4} + \frac{1}{8} + \frac{1}{16} + \cdots + \frac{1}{2^n} = \frac{\dfrac{1}{4}\left[1 - \left(\dfrac{1}{2}\right)^{n-1}\right]}{1 - \dfrac{1}{2}} < \frac{1}{2}.$$

即正项级数的部分和数列 $\{s_n\}$ 有界,因此正项级数 $\sum\limits_{n=1}^{\infty} \dfrac{\sin \dfrac{\pi}{n}}{2^n}$ 收敛.

根据定理 8.1,可以得到关于正项级数的一个基本审敛法.

定理 8.2(比较审敛法) 设有两个正项级数 $\sum\limits_{n=1}^{\infty} u_n$ 和 $\sum\limits_{n=1}^{\infty} v_n$,有 $u_n \leqslant v_n(n = 1, 2, 3, \cdots)$ 成立,则

(1)若级数 $\sum\limits_{n=1}^{\infty} v_n$ 收敛,则级数 $\sum\limits_{n=1}^{\infty} u_n$ 也收敛;

(2)若级数 $\sum\limits_{n=1}^{\infty} u_n$ 发散,则级数 $\sum\limits_{n=1}^{\infty} v_n$ 也发散.

证明:先证(1).设级数 $\sum\limits_{n=1}^{\infty} v_n$ 收敛于和 σ,则级数 $\sum\limits_{n=1}^{\infty} u_n$ 的部分和

$$s_n = u_1 + u_2 + \cdots + u_n \leqslant v_1 + v_2 + \cdots + v_n \leqslant \sigma,$$

即部分和数列 $\{s_n\}$ 有界,由定理 8.1 知级数 $\sum\limits_{n=1}^{\infty} u_n$ 收敛.

下面证(2).利用反证法,设级数 $\sum\limits_{n=1}^{\infty} v_n$ 收敛,则由(1)知级数

$\sum\limits_{n=1}^{\infty} u_n$ 收敛,与假设 $\sum\limits_{n=1}^{\infty} u_n$ 发散矛盾.

由 8.1 节级数的基本性质知,级数的每一项同乘不为零的常数以及去掉级数的有限项不会影响级数的收敛性,我们可得以下推论:

推论 设有两个正项级数 $\sum\limits_{n=1}^{\infty} u_n$ 和 $\sum\limits_{n=1}^{\infty} v_n$,且存在正数 $k>0$,使得从某一项起(例如从第 n 项起),总有 $u_n \leqslant kv_n$ 成立,那么

(1)若级数 $\sum\limits_{n=1}^{\infty} v_n$ 收敛,则级数 $\sum\limits_{n=1}^{\infty} u_n$ 也收敛;

(2)若级数 $\sum\limits_{n=1}^{\infty} u_n$ 发散,则级数 $\sum\limits_{n=1}^{\infty} v_n$ 也发散.

比较审敛法是判断正项级数敛散性的一个重要方法,对于给定的级数,需要通过观察,找到另一个已知级数进行比较,已知的重要级数包括等比级数、调和级数以及 p 级数等.

用比较审敛法来判断给定级数的敛散性,必须找到一个已知级数的一般项与给定级数的一般项之间的不等式.这有时并非易事,为应用方便,给出如下比较审敛法的极限形式.

定理 8.3(比较审敛法的极限形式) 若正项级数 $\sum\limits_{n=1}^{\infty} u_n$ 与 $\sum\limits_{n=1}^{\infty} v_n$

满足 $\lim\limits_{n\to\infty} \dfrac{u_n}{v_n} = \rho$,则

(1)当 $0<\rho<+\infty$ 时,$\sum\limits_{n=1}^{\infty} u_n$ 与 $\sum\limits_{n=1}^{\infty} v_n$ 具有相同的收敛性;

(2)当 $\rho=0$ 时,若 $\sum\limits_{n=1}^{\infty} v_n$ 收敛,则 $\sum\limits_{n=1}^{\infty} u_n$ 亦收敛;

(3)当 $\rho=+\infty$ 时,若 $\sum\limits_{n=1}^{\infty} v_n$ 发散,则 $\sum\limits_{n=1}^{\infty} u_n$ 亦发散.

*证明:(1)由于 $\lim\limits_{n\to\infty} \dfrac{u_n}{v_n} = \rho > 0$,取 $\varepsilon = \dfrac{\rho}{2} > 0$,则存在 $N>0$,当 $n>N$ 时,有

$$\left| \frac{u_n}{v_n} - \rho \right| < \frac{\rho}{2} \quad 即 \left(\rho - \frac{\rho}{2} \right) v_n < u_n < \left(\rho + \frac{\rho}{2} \right) v_n.$$

由比较审敛法知结论成立.

结论(2)、结论(3)的证明类似,请读者自己完成.

【例 8.2.2】 讨论 p 级数 $\sum\limits_{n=1}^{\infty} \dfrac{1}{n^p}$ 的敛散性.

分析: 讨论分 $p \leqslant 1$ 和 $p>1$ 两种情况,分别利用比较审敛法和正项级数收敛基本定理进行计算.

解:当 $p \leqslant 1$ 时, $\dfrac{1}{n^p} \geqslant \dfrac{1}{n} > 0$, 由 $\displaystyle\sum_{n=1}^{\infty} \dfrac{1}{n}$ 发散及比较审敛法知, $\displaystyle\sum_{n=1}^{\infty} \dfrac{1}{n^p}$ 发散.

当 $p > 1$ 时, 对于 $k-1 \leqslant x \leqslant k$, 有 $\dfrac{1}{x^p} \geqslant \dfrac{1}{k^p}$, 因此

$$\frac{1}{k^p} = \int_{k-1}^{k} \frac{1}{k^p} \mathrm{d}x \leqslant \int_{k-1}^{k} \frac{1}{x^p} \mathrm{d}x \,(k = 2, 3, \cdots).$$

于是 p 级数的部分和

$$s_n = \sum_{k=1}^{n} \frac{1}{k^p} = 1 + \sum_{k=2}^{n} \frac{1}{k^p} \leqslant 1 + \sum_{k=2}^{n} \int_{k-1}^{k} \frac{1}{x^p} \mathrm{d}x = 1 + \int_{1}^{n} \frac{1}{x^p} \mathrm{d}x$$

$$= 1 + \frac{1}{p-1}\left(1 - \frac{1}{n^{p-1}}\right) < 1 + \frac{1}{p-1}.$$

上式说明 $\{s_n\}$ 有界,因此级数 $\displaystyle\sum_{n=1}^{\infty} \dfrac{1}{n^p}$ 收敛.

综上所述,当 $p > 1$ 时,级数 $\displaystyle\sum_{n=1}^{\infty} \dfrac{1}{n^p}$ 收敛;当 $p \leqslant 1$ 时,级数 $\displaystyle\sum_{n=1}^{\infty} \dfrac{1}{n^p}$ 发散.

▶️ 例8.2.3及例8.2.4

【例8.2.3】 判断级数 $\displaystyle\sum_{n=1}^{\infty} \dfrac{1}{\sqrt{n(n^2+1)}}$ 的敛散性.

分析:利用比较审敛法的极限形式进行判断.

解:因为

$$\lim_{n \to \infty} \frac{\dfrac{1}{\sqrt{n(n^2+1)}}}{\dfrac{1}{n^{\frac{3}{2}}}} = \lim_{n \to \infty} \frac{n^{\frac{3}{2}}}{\sqrt{n^3+n}} = \lim_{n \to \infty} \frac{1}{\sqrt{1+\dfrac{1}{n^2}}} = 1,$$

而 p 级数 $\displaystyle\sum_{n=1}^{\infty} \dfrac{1}{n^{\frac{3}{2}}}$ 收敛 $\left(\text{因为 } p = \dfrac{3}{2} > 1\right)$,由比较审敛法的极限形式知

$\displaystyle\sum_{n=1}^{\infty} \dfrac{1}{\sqrt{n(n^2+1)}}$ 收敛.

【例8.2.4】 证明:正项级数 $\displaystyle\sum_{n=1}^{\infty} \dfrac{n+1}{n^2+4n+2}$ 发散.

分析:利用比较审敛法的极限形式.

证明:因为

$$\lim_{n \to \infty} \frac{\dfrac{n+1}{n^2+4n+2}}{\dfrac{1}{n}} = 1 < \infty,$$

且调和级数 $\displaystyle\sum_{n=1}^{\infty} \dfrac{1}{n}$ 发散,故由比较审敛法的极限形式知正项级数

$\sum\limits_{n=1}^{\infty}\dfrac{n+1}{n^2+4n+2}$ 发散.

从以上两例不难发现,如果正项级数的通项 u_n 是分式,且分子、分母都是 n 的多项式(常数是零次多项式),只要分母的最高次数与分子最高次数的差大于 1,则该正项级数收敛,否则发散.

【例 8.2.5】　判断下列级数的敛散性

（1）$\sum\limits_{n=1}^{\infty}\sin\dfrac{1}{n}$;　　　　　（2）$\sum\limits_{n=1}^{\infty}\ln\left(1+\dfrac{1}{n^2}\right)$.

分析:利用比较审敛法的极限形式进行判断.

解:(1) 因为

$$\lim_{n\to\infty}\frac{\sin\dfrac{1}{n}}{\dfrac{1}{n}}=1,$$

而调和级数 $\sum\limits_{n=1}^{\infty}\dfrac{1}{n}$ 发散,根据比较审敛法的极限形式可知级数 $\sum\limits_{n=1}^{\infty}\sin\dfrac{1}{n}$ 发散.

（2）因为

$$\lim_{n\to\infty}\frac{\ln\left(1+\dfrac{1}{n^2}\right)}{\dfrac{1}{n^2}}=1,$$

而级数 $\sum\limits_{n=1}^{\infty}\dfrac{1}{n^2}$ 为 $p=2(p>1)$ 的 p 级数,是收敛的,根据比较审敛法的极限形式可知级数 $\sum\limits_{n=1}^{\infty}\ln\left(1+\dfrac{1}{n^2}\right)$ 收敛.

应用比较审敛法或其极限形式,需要依赖于已知级数的敛散性.下面介绍的两个判别法,不需要借助另外的级数,只需利用级数自身的特点,就可以判断级数的敛散性.

定理 8.4(达朗贝尔(d'Alembert)比值审敛法)　设有正项级数 $\sum\limits_{n=1}^{\infty}u_n$,如果极限

$$\lim_{n\to\infty}\frac{u_{n+1}}{u_n}=\rho,$$

那么(1) 当 $\rho<1$ 时,级数收敛;

（2）当 $\rho>1$(包括 $\rho=+\infty$)时,级数发散;

（3）当 $\rho=1$ 时,级数可能收敛也可能发散(需另行判别).

*证明:(1) 由于 $\lim\limits_{n\to\infty}\dfrac{u_{n+1}}{u_n}=\rho<1$,因此可找到正数 $\varepsilon>0$,使得 $\rho+\varepsilon=r<1$,根据极限定义,必有正整数 N,当 $n>N$ 时,有不等式

$$\left|\frac{u_{n+1}}{u_n}-\rho\right|<\varepsilon$$

成立,因此

$$\frac{u_{n+1}}{u_n}<\rho+\varepsilon=r,$$

这就是说,对于正项级数 $\sum_{n=1}^{\infty}u_n$,从第 N 项开始有

$$u_{N+1}<ru_N, u_{N+2}<ru_{N+1}<r^2u_N, \cdots, u_{N+k}<r^ku_N, \cdots.$$

而级数 $\sum_{k=1}^{\infty}r^ku_N$ 是公比 $r<1$ 的等比级数,是收敛级数,再由定理 8.2

的推论知正项级数 $\sum_{n=1}^{\infty}u_n$ 收敛.

(2) 由于 $\lim\limits_{n\to\infty}\dfrac{u_{n+1}}{u_n}=\rho>1$,可取一个适当的正数 $\varepsilon>0$,使得 $\rho-\varepsilon>1$,

根据极限的定义,必有正整数 N,当 $n>N$ 时,有不等式

$$\left|\frac{u_{n+1}}{u_n}-\rho\right|<\varepsilon$$

成立,因此

$$\frac{u_{n+1}}{u_n}>\rho-\varepsilon>1,$$

即

$$u_{n+1}>u_n.$$

正项级数 $\sum_{n=1}^{\infty}u_n$ 从第 N 项开始,级数的一般项 u_n 是逐渐增大的,从

而 $\lim\limits_{n\to\infty}u_n\neq0$.根据级数收敛的必要条件可知,正项级数 $\sum_{n=1}^{\infty}u_n$ 发散.

(3) 当 $\rho=1$ 时,正项级数 $\sum_{n=1}^{\infty}u_n$ 可能收敛,也可能发散.这个结

论从 p 级数就可以看出.事实上,若 $\sum_{n=1}^{\infty}u_n$ 为 p 级数,则对于任意实

数 p,有

$$\lim_{n\to\infty}\frac{u_{n+1}}{u_n}=\lim_{n\to\infty}\frac{\dfrac{1}{(n+1)^p}}{\dfrac{1}{n^p}}=1.$$

但当 $p\leqslant1$ 时,p 级数发散;$p>1$ 时,p 级数收敛.因此仅根据 $\rho=1$ 不能判断级数的收敛性.

【例 8.2.6】 判断级数 $\sum_{n=1}^{\infty}\dfrac{n!}{2^n}$ 的敛散性.

分析:一般项中含有阶乘及次方,利用比值审敛法.

解:因为

$$\lim_{n\to\infty}\frac{u_{n+1}}{u_n}=\lim_{n\to\infty}\frac{(n+1)!}{2^{n+1}}\cdot\frac{2^n}{n!}=\lim_{n\to\infty}\frac{n+1}{2}=\infty,$$

所以由比值审敛法知,级数 $\sum\limits_{n=1}^{\infty}\dfrac{n!}{2^n}$ 发散.

【例 8.2.7】 判断正项级数 $\sum\limits_{n=1}^{\infty}\dfrac{2^n\cdot n!}{n^n}$ 的敛散性.

分析:一般项中含有阶乘及次方,利用比值审敛法.

解:因为

$$\frac{u_{n+1}}{u_n}=\frac{2^{n+1}\cdot(n+1)!}{(n+1)^{n+1}}\cdot\frac{n^n}{2^n\cdot n!}=2\cdot\left(\frac{n}{n+1}\right)^n=2\cdot\frac{1}{\left(1+\dfrac{1}{n}\right)^n},$$

$$\lim_{n\to\infty}\frac{u_{n+1}}{u_n}=\lim_{n\to\infty}\frac{2}{\left(1+\dfrac{1}{n}\right)^n}=\frac{2}{e}<1,$$

所以由比值审敛法知,级数 $\sum\limits_{n=1}^{\infty}\dfrac{2^n\cdot n!}{n^n}$ 收敛.

【例 8.2.8】 判断级数 $\sum\limits_{n=1}^{\infty}\dfrac{1}{(2n-1)\cdot 2n}$ 的敛散性.

分析:利用比较审敛法或其极限形式.

解:　　　　$$\lim_{n\to\infty}\frac{u_{n+1}}{u_n}=\lim_{n\to\infty}\frac{(2n-1)\cdot 2n}{(2n+1)\cdot(2n+2)}=1.$$

这时 $\rho=1$,比值审敛法失效,必须用其他方法来判别级数的收敛性.

因为　　　　　　　　$$\frac{1}{(2n-1)\cdot 2n}<\frac{1}{n^2},$$

或

$$\lim_{n\to\infty}\frac{\dfrac{1}{(2n-1)\cdot 2n}}{\dfrac{1}{n^2}}=\frac{1}{4}<\infty,$$

而级数 $\sum\limits_{n=1}^{\infty}\dfrac{1}{n^2}$ 收敛,因此由比较审敛法可知所给级数收敛.

*【例 8.2.9】 讨论级数 $\sum\limits_{n=1}^{\infty}n!\left(\dfrac{x}{n}\right)^n(x>0)$ 的敛散性.

分析:利用比值审敛法进行分析,因一般项中含有 x,分情况讨论.

解:因为

▶ 例 8.2.9

$$\lim_{n\to\infty}\frac{u_{n+1}}{u_n}=\lim_{n\to\infty}\frac{(n+1)!\left(\dfrac{x}{n+1}\right)^{n+1}}{n!\left(\dfrac{x}{n}\right)^n}=\lim_{n\to\infty}\frac{x}{\left(1+\dfrac{1}{n}\right)^n}=\frac{x}{e},$$

所以,当 $x<\mathrm{e}$,即 $\dfrac{x}{\mathrm{e}}<1$ 时,级数收敛;当 $x>\mathrm{e}$,即 $\dfrac{x}{\mathrm{e}}>1$ 时,级数发散.

当 $x=\mathrm{e}$ 时,虽然不能由比值审敛法直接得出级数收敛或发散的结论,但由于数列 $\left\{\left(1+\dfrac{1}{n}\right)^{n}\right\}$ 是一个单调增加而有上界的数列,即 $\left(1+\dfrac{1}{n}\right)^{n}<\mathrm{e}(n=1,2,3,\cdots)$,因此对于任意有限的 n,有

$$\frac{u_{n+1}}{u_{n}}=\frac{x}{\left(1+\dfrac{1}{n}\right)^{n}}=\frac{\mathrm{e}}{\left(1+\dfrac{1}{n}\right)^{n}}>1.$$

于是可知,级数的后项总是大于前项,故 $\lim\limits_{n\to\infty}u_{n}\neq0$,所以级数发散.

定理 8.5(柯西(Cauchy)根值审敛法)　设正项级数 $\sum\limits_{n=1}^{\infty}u_{n}$ 满足

$$\lim_{n\to\infty}\sqrt[n]{u_{n}}=\rho,$$

那么

(1) 当 $\rho<1$ 时,$\sum\limits_{n=1}^{\infty}u_{n}$ 收敛;

(2) 当 $\rho>1$(包括 $\rho=+\infty$)时,$\sum\limits_{n=1}^{\infty}u_{n}$ 发散;

(3) 当 $\rho=1$ 时,$\sum\limits_{n=1}^{\infty}u_{n}$ 可能收敛,也可能发散.

该定理证明与定理 8.4 的证明类似,从略.

【例 8.2.10】　判断级数 $\sum\limits_{n=1}^{\infty}\left(\dfrac{n}{2n+1}\right)^{n}$ 的敛散性.

分析:一般项含有 n 次幂,利用根值审敛法进行分析.

解:因为

$$\lim_{n\to\infty}\sqrt[n]{u_{n}}=\lim_{n\to\infty}\frac{n}{2n+1}=\frac{1}{2}<1,$$

所以由根值审敛法知该级数收敛.

【例 8.2.11】　判断级数 $\sum\limits_{n=1}^{\infty}\left(1+\dfrac{1}{n}\right)^{n^{2}}$ 的敛散性.

分析:利用根值审敛法进行分析.

解:因为

$$\lim_{n\to\infty}\sqrt[n]{u_{n}}=\lim_{n\to\infty}\left(1+\frac{1}{n}\right)^{n}=\mathrm{e}>1,$$

所以由根值审敛法知级数发散.

*【例 8.2.12】　判断级数 $\sum\limits_{n=1}^{\infty}\dfrac{2+(-1)^{n}}{2^{n}}$ 的收敛性.

分析:利用根值审敛法.

解：因为

$$\lim_{n \to \infty} \sqrt[n]{u_n} = \lim_{n \to \infty} \frac{1}{2} \sqrt[n]{2 + (-1)^n} = \frac{1}{2} < 1,$$

所以由根值审敛法知级数收敛.

8.2.2 交错级数及其审敛法

如果在任意项级数 $\sum\limits_{n=1}^{\infty} u_n$ 中，正负号相间出现，这样的任意项级数叫作**交错级数**.它的一般形式为

$$\sum_{n=1}^{\infty} (-1)^{n-1} u_n = u_1 - u_2 + u_3 - u_4 + \cdots + (-1)^{n-1} u_n + \cdots,$$

或者

$$\sum_{n=1}^{\infty} (-1)^n u_n = -u_1 + u_2 - u_3 + u_4 + \cdots + (-1)^n u_n + \cdots,$$

其中 $u_n > 0 (n = 1, 2, 3, \cdots)$.两种级数有相同的敛散性的判断法，我们主要针对级数 $\sum\limits_{n=1}^{\infty} (-1)^{n-1} u_n$ 来证明关于交错级数的一个审敛法.

定理 8.6（莱布尼茨（Leibniz）判别法） 设交错级数 $\sum\limits_{n=1}^{\infty} (-1)^{n-1} u_n$ 满足：

（1）$u_n \geq u_{n+1} (n = 1, 2, 3, \cdots)$；

（2）$\lim\limits_{n \to \infty} u_n = 0$；

则级数 $\sum\limits_{n=1}^{\infty} (-1)^{n-1} u_n$ 收敛，且其和 $s \leq u_1$.

▶┃ 莱布尼茨判别法

证明：先证前 $2n$ 项的和 s_{2n} 的极限存在，将 s_{2n} 写成两种形式：

$$s_{2n} = (u_1 - u_2) + (u_3 - u_4) + \cdots + (u_{2n-1} - u_{2n})$$

及

$$s_{2n} = u_1 - (u_2 - u_3) - (u_4 - u_5) - \cdots - (u_{2n-2} - u_{2n-1}) - u_{2n}.$$

根据定理条件（1）知，所有括号中的差都是非负的.由第一种形式可知数列 $\{s_{2n}\}$ 是单调增加的，由第二种形式可知 $s_{2n} \leq u_1$.根据单调有界数列必有极限的准则知，数列 $\{s_{2n}\}$ 的极限存在.设 $\lim\limits_{n \to \infty} s_{2n} = s$，有 $s \leq u_1$.而 $\lim\limits_{n \to \infty} s_{2n+1} = \lim\limits_{n \to \infty} (s_{2n} + u_{2n+1}) = \lim\limits_{n \to \infty} s_{2n} + \lim\limits_{n \to \infty} u_{2n+1} = s$.

由于级数 $\sum\limits_{n=1}^{\infty} (-1)^{n-1} u_n$ 的部分和数列 $\{s_n\}$ 的奇数项和偶数项极限存在且相等，数列 $\{s_n\}$ 的极限存在，且有 $\lim\limits_{n \to \infty} s_n = s$，从而证明交错级数 $\sum\limits_{n=1}^{\infty} (-1)^{n-1} u_n$ 收敛于 s.

【例 8.2.13】 判断级数 $\sum\limits_{n=1}^{\infty}(-1)^{n-1}\dfrac{1}{n}$ 的敛散性.

分析:交错级数,利用莱布尼茨判别法.

解:由于

$$u_n=\frac{1}{n}>\frac{1}{n+1}=u_{n+1}(n=1,2,\cdots),$$

且

$$\lim_{n\to\infty}u_n=\lim_{n\to\infty}\frac{1}{n}=0,$$

由莱布尼茨判别法知 $\sum\limits_{n=1}^{\infty}(-1)^{n-1}\dfrac{1}{n}$ 收敛.

【例 8.2.14】 判断级数 $\sum\limits_{n=1}^{\infty}(-1)^{n-1}\dfrac{n+1}{2^n}$ 的敛散性.

分析:交错级数,利用莱布尼茨判别法进行判断.

解:由题意可知 $u_n=\dfrac{n+1}{2^n}$,

$$u_n-u_{n+1}=\frac{n+1}{2^n}-\frac{n+2}{2^{n+1}}=\frac{n}{2^{n+1}}>0,$$

即

$$u_n>u_{n+1}(n=1,2,3,\cdots),$$

又

$$\lim_{n\to\infty}u_n=\lim_{n\to\infty}\frac{n+1}{2^n}=0,$$

由莱布尼茨判别法可知,级数 $\sum\limits_{n=1}^{\infty}(-1)^{n-1}\dfrac{n+1}{2^n}$ 收敛.

8.2.3　绝对收敛与条件收敛

现在讨论正负项可以任意出现的级数.首先引入绝对收敛的概念.

> **定义 8.3**　对于级数 $\sum\limits_{n=1}^{\infty}u_n$,若 $\sum\limits_{n=1}^{\infty}|u_n|$ 收敛,则称级数 $\sum\limits_{n=1}^{\infty}u_n$ **绝对收敛**;如果 $\sum\limits_{n=1}^{\infty}|u_n|$ 发散,但 $\sum\limits_{n=1}^{\infty}u_n$ 收敛,则称级数 $\sum\limits_{n=1}^{\infty}u_n$ **条件收敛**.

绝对收敛与收敛之间有着下面的重要关系.

定理 8.7　如果级数 $\sum\limits_{n=1}^{\infty}|u_n|$ 收敛,则级数 $\sum\limits_{n=1}^{\infty}u_n$ 也收敛.

证明:令

$$v_n=\frac{1}{2}(|u_n|+u_n)(n=1,2,3,\cdots).$$

则 $v_n\geqslant 0$ 且 $v_n\leqslant|u_n|(n=1,2,3,\cdots)$,而 $\sum\limits_{n=1}^{\infty}|u_n|$ 收敛,由比

绝对收敛与
条件收敛

较审敛法知,级数 $\sum_{n=1}^{\infty} v_n$ 收敛,从而级数 $\sum_{n=1}^{\infty} 2v_n$ 收敛,又 $2v_n - |u_n| = u_n$,由收敛级数的基本性质 2 知级数 $\sum_{n=1}^{\infty} u_n$ 收敛.

判断一个级数 $\sum_{n=1}^{\infty} u_n$ 是否绝对收敛,实际上,就是判断正项级数 $\sum_{n=1}^{\infty} |u_n|$ 的收敛性.但要注意,当 $\sum_{n=1}^{\infty} |u_n|$ 发散时,我们只能判定 $\sum_{n=1}^{\infty} u_n$ 非绝对收敛,而不能判定 $\sum_{n=1}^{\infty} u_n$ 本身也是发散的.例如 $\sum_{n=1}^{\infty} \left| (-1)^{n-1} \frac{1}{n} \right| = \sum_{n=1}^{\infty} \frac{1}{n}$ 虽然发散,但 $\sum_{n=1}^{\infty} (-1)^{n-1} \frac{1}{n}$ 却是收敛的.

特别值得注意的是,当我们运用达朗贝尔比值审敛法或柯西根值审敛法,判断出正项级数 $\sum_{n=1}^{\infty} |u_n|$ 发散时,可以断言,$\sum_{n=1}^{\infty} u_n$ 也一定发散.这是因为此时有 $\lim_{n\to\infty} |u_n| \neq 0$,从而有 $\lim_{n\to\infty} u_n \neq 0$.

【例 8.2.15】 判别下列级数是否收敛,如果是收敛级数,指出其是绝对收敛还是条件收敛.

(1) $\sum_{n=1}^{\infty} \frac{\sin n}{n^2}$;　　　(2) $\sum_{n=1}^{\infty} \frac{(-1)^n}{\ln(n+1)}$.

▶▶ 例 8.2.15

分析:利用绝对收敛和条件收敛的定义,先判断一般项加绝对值后的级数是否收敛,若收敛,则为绝对收敛,否则继续判断原级数的敛散性.

解:(1) 因为

$$u_n = \frac{\sin n}{n^2}, 0 \leqslant |u_n| = \left| \frac{\sin n}{n^2} \right| \leqslant \frac{1}{n^2},$$

又因 $\sum_{n=1}^{\infty} \frac{1}{n^2}$ 收敛,由比较审敛法知,级数 $\sum_{n=1}^{\infty} \left| \frac{\sin n}{n^2} \right|$ 收敛,从而级数 $\sum_{n=1}^{\infty} \frac{\sin n}{n^2}$ 为绝对收敛.

(2) $\sum_{n=1}^{\infty} \frac{(-1)^n}{\ln(n+1)}$ 为交错级数,容易验证其满足莱布尼茨判别法条件,所以该交错级数收敛.而

$$|u_n| = \left| \frac{(-1)^n}{\ln(n+1)} \right| = \frac{1}{\ln(n+1)} > \frac{1}{n+1},$$

且级数 $\sum_{n=1}^{\infty} \frac{1}{n+1}$ 发散,由比较审敛法知,级数 $\sum_{n=1}^{\infty} \left| \frac{(-1)^n}{\ln(n+1)} \right|$ 发散,因此级数 $\sum_{n=1}^{\infty} \frac{(-1)^n}{\ln(n+1)}$ 为条件收敛.

*【例 8.2.16】　判断级数 $\sum\limits_{n=1}^{\infty}(-1)^n\dfrac{1}{2^n}\left(1+\dfrac{1}{n}\right)^{n^2}$ 的敛散性.

分析:一般项中含有 n 次幂,先利用根值审敛法判断加绝对值后的级数是否收敛,若发散则原级数必发散.

解:
$$|u_n|=\frac{1}{2^n}\left(1+\frac{1}{n}\right)^{n^2},$$

有
$$\lim_{n\to\infty}\sqrt[n]{|u_n|}=\frac{1}{2}\lim_{n\to\infty}\left(1+\frac{1}{n}\right)^n=\frac{e}{2}>1,$$

$\lim\limits_{n\to\infty}u_n\neq 0$,因此级数 $\sum\limits_{n=1}^{\infty}(-1)^n\dfrac{1}{2^n}\left(1+\dfrac{1}{n}\right)^{n^2}$ 发散.

本节我们讨论了正项级数、交错级数和任意项级数敛散性的判别法,给出了绝对收敛和条件收敛的定义.本节讨论的级数都是常数项级数,如果级数的一般项不是常数,而是某个关于 x 的函数,比如 $\sum\limits_{n=0}^{\infty}x^n$,此类级数的敛散性如何判断? 与常数项级数有何关系? 下节我们将主要研究函数项级数.

练习 8.2

1. 应用比较审敛法及其极限形式判断下列级数的敛散性.

(1) $\sum\limits_{n=1}^{\infty}\dfrac{1}{(n+1)(n+2)}$;

(2) $\sum\limits_{n=1}^{\infty}\dfrac{1}{\sqrt{n(n^2+5)}}$;

(3) $\sum\limits_{n=1}^{\infty}\dfrac{1}{1+a^n}(a>0)$;

(4) $\sum\limits_{n=1}^{\infty}\dfrac{\pi}{n}\tan\dfrac{\pi}{n}$;

(5) $\sum\limits_{n=1}^{\infty}\dfrac{n+1}{n^2+1}$;

(6) $\sum\limits_{n=1}^{\infty}\sin\dfrac{\pi}{2^n}$.

2. 应用比值审敛法判断下列级数的敛散性.

(1) $\sum\limits_{n=1}^{\infty}n\cdot\left(\dfrac{3}{5}\right)^n$;

(2) $\sum\limits_{n=1}^{\infty}\dfrac{3^n}{n\cdot 2^n}$;

(3) $\sum\limits_{n=1}^{\infty}\dfrac{2^n}{n\cdot 10^3}$;

(4) $\sum\limits_{n=1}^{\infty}\dfrac{n^2}{3^n}$;

(5) $\sum\limits_{n=1}^{\infty}\dfrac{n^2}{a^n}(a>0)$;

(6) $\sum\limits_{n=1}^{\infty}\dfrac{(n!)^2}{2^{n^2}}$;

(7) $\sum\limits_{n=1}^{\infty}\dfrac{5^n n!}{n^n}$;

(8) $\sum\limits_{n=1}^{\infty}n\tan\dfrac{\pi}{2^{n+1}}$.

3. 用根值审敛法判定下列级数的敛散性.

(1) $\sum\limits_{n=1}^{\infty}\left(\dfrac{n}{2n+1}\right)^n$;

(2) $\sum\limits_{n=1}^{\infty}\dfrac{1}{[\ln(n+1)]^n}$;

（3）$\displaystyle\sum_{n=1}^{\infty}\left(\arcsin\frac{1}{n}\right)^{n}$.

4. 判断下列级数的敛散性.

（1）$\displaystyle\sum_{n=1}^{\infty}\frac{n^{4}}{n!}$；　　　　　　　（2）$\displaystyle\sum_{n=1}^{\infty}\frac{n+1}{n(n+2)}$；

（3）$\displaystyle\sum_{n=1}^{\infty}2^{n}\sin\frac{\pi}{3^{n}}$；　　　　　　（4）$\displaystyle\sum_{n=1}^{\infty}\sqrt{\frac{n+1}{n}}$.

5. 判断下列级数是否收敛,如果级数是收敛的,是绝对收敛还是条件收敛?

（1）$\displaystyle\sum_{n=1}^{\infty}(-1)^{n}\frac{1}{2n+1}$；　　　　（2）$\displaystyle\sum_{n=1}^{\infty}(-1)^{n}\frac{1}{n-\ln n}$；

（3）$\displaystyle\sum_{n=1}^{\infty}(-1)^{n}\frac{n}{2n+1}$；　　　　（4）$\displaystyle\sum_{n=1}^{\infty}(-1)^{n+1}\frac{1}{\pi n}\sin\frac{\pi}{n}$；

（5）$\displaystyle\sum_{n=1}^{\infty}(-1)^{n}\left(1-\cos\frac{1}{n}\right)$；　（6）$\displaystyle\sum_{n=1}^{\infty}(-1)^{n-1}\frac{n}{3^{n-1}}$；

（7）$\displaystyle\sum_{n=1}^{\infty}(-1)^{n}\frac{1}{n^{p}}$　$(p>0)$；　（8）$\displaystyle\sum_{n=1}^{\infty}(-1)^{n}\frac{a^{n}}{n}$；

（9）$\displaystyle\sum_{n=1}^{\infty}(-1)^{n}\left(\frac{1}{3^{2n-1}}-\frac{1}{2^{n}}\right)$.

8.3　幂　级　数

预备知识：正项级数的比较审敛法、比值审敛法. 等比级数 $\displaystyle\sum_{n=0}^{\infty}aq^{n}(a\neq0)$ 在 $|q|<1$ 时收敛，$|q|\geqslant1$ 时发散；p-级数 $\displaystyle\sum_{n=1}^{\infty}\frac{1}{n^{p}}$ 在 $p>1$ 时收敛，$p\leqslant1$ 时发散.

📖 幂级数

8.3.1　函数项级数

一般地,有定义在某一区间 I 上的函数列

$$u_{1}(x),u_{2}(x),u_{3}(x),\cdots,u_{n}(x),\cdots,$$

由这函数列构成的表达式

$$\sum_{n=1}^{\infty}u_{n}(x)=u_{1}(x)+u_{2}(x)+u_{3}(x)+\cdots+u_{n}(x)+\cdots$$

称为定义在区间 I 上的**函数项级数**.

在函数项级数 $\displaystyle\sum_{n=1}^{\infty}u_{n}(x)$ 中,若令 x 取定义区间中某一确定值 x_{0},则得到一个常数项级数

$$\sum_{n=1}^{\infty} u_n(x_0) = u_1(x_0) + u_2(x_0) + u_3(x_0) + \cdots + u_n(x_0) + \cdots,$$

若该常数项级数收敛,则称点 x_0 为函数项级数 $\sum_{n=1}^{\infty} u_n(x)$ 的一个收敛点.反之,若该常数项级数发散,则称点 x_0 为函数项级数 $\sum_{n=1}^{\infty} u_n(x)$ 的发散点.函数项级数 $\sum_{n=1}^{\infty} u_n(x)$ 收敛点的全体称为它的**收敛域**,发散点的全体称为它的**发散域**.

若 x_0 是收敛域内的一个值,则必有一个和 $s(x_0)$ 与之对应,即

$$s(x_0) = \sum_{n=1}^{\infty} u_n(x_0) = u_1(x_0) + u_2(x_0) + u_3(x_0) + \cdots + u_n(x_0) + \cdots.$$

当 x_0 在收敛域内变动时,由上述对应关系,就得到一个定义在收敛域上的函数 $s(x)$,使得

$$s(x) = \sum_{n=1}^{\infty} u_n(x) = u_1(x) + u_2(x) + u_3(x) + \cdots + u_n(x) + \cdots,$$

这个函数 $s(x)$ 就称为函数项级数 $\sum_{n=1}^{\infty} u_n(x)$ 的**和函数**.

将函数项级数 $\sum_{n=1}^{\infty} u_n(x)$ 的前 n 项和记为 $s_n(x)$,即

$$s_n(x) = \sum_{k=1}^{n} u_k(x) = u_1(x) + u_2(x) + \cdots + u_n(x),$$

则在收敛域内有

$$\lim_{n \to \infty} s_n(x) = s(x).$$

记 $r_n(x) = s(x) - s_n(x)$,$r_n(x)$ 称为函数项级数的余项(只有当 x 为收敛点时 $r_n(x)$ 才有意义),并有 $\lim_{n \to \infty} r_n(x) = 0$ 成立.

由函数项级数收敛域的定义可知,函数项级数的敛散性问题可以转化为在某区间内任意点的收敛性问题,即可以转化为常数项级数的敛散性问题,从而可以利用常数项级数的敛散性判别法进行判断.

【例 8.3.1】　试求函数项级数 $\sum_{n=0}^{\infty} x^n$ 的收敛域.

分析:该函数项级数可以看作公比为 x 的等比级数,其敛散性取决于公比的绝对值,可利用【例 8.1.1】的结论进行计算.

解:利用【例 8.1.1】的结论知,当 $|x| < 1$ 时级数收敛;当 $|x| \geq 1$ 时级数发散.所以级数 $\sum_{n=0}^{\infty} x^n$ 的收敛域为 $(-1, 1)$,且其和为 $\frac{1}{1-x}$,即

$$\frac{1}{1-x} = 1 + x + x^2 + x^3 + \cdots + x^n + \cdots \quad (-1 < x < 1).$$

幂级数及其收敛性

函数项级数中简单而常见的一类级数就是各项都是幂函数的函数项级数,即具有下列形式的函数项级数

$$\sum_{n=0}^{\infty} a_n (x-x_0)^n = a_0 + a_1(x-x_0) + a_2(x-x_0)^2 + \cdots + a_n(x-x_0)^n + \cdots,$$

这种函数项级数称为在 $x = x_0$ 处的**幂级数**或 $(x-x_0)$ 的幂级数,其中, $a_0, a_1, a_2, \cdots, a_n \cdots$ 都是常数,称为**幂级数的系数**.

特别地,当 $x_0 = 0$ 时的幂级数

$$\sum_{n=0}^{\infty} a_n x^n = a_0 + a_1 x + a_2 x^2 + \cdots + a_n x^n + \cdots$$

为最简单的幂级数.

令 $x - x_0 = y$,就将幂级数 $\sum\limits_{n=0}^{\infty} a_n (x-x_0)^n$ 化为 $\sum\limits_{n=0}^{\infty} a_n y^n$,即为上面这种形式的幂级数,所以我们主要讨论幂级数 $\sum\limits_{n=0}^{\infty} a_n x^n$. 为了求幂级数的收敛域,我们给出如下定理.

定理 8.8(**阿贝尔**(**Abel**)**定理**)

(1) 若幂级数 $\sum\limits_{n=0}^{\infty} a_n x^n$ 在 $x = x_0 (x_0 \ne 0)$ 处收敛,则对于满足 $|x| < |x_0|$ 的一切 x,级数 $\sum\limits_{n=0}^{\infty} a_n x^n$ 绝对收敛.

(2) 若幂级数 $\sum\limits_{n=0}^{\infty} a_n x^n$ 在点 $x = x_0$ 处发散,则对于满足 $|x| > |x_0|$ 的一切 x,级数 $\sum\limits_{n=0}^{\infty} a_n x^n$ 均发散.

证明: (1) 设 $\sum\limits_{n=0}^{\infty} a_n x_0^n$ 收敛,由级数收敛的必要条件知,$\lim\limits_{n \to \infty} a_n x_0^n = 0$,又由收敛的数列必有界知,存在常数 $M > 0$,使得

$$|a_n x_0^n| \le M (n = 0, 1, 2, 3, \cdots).$$

于是

$$|a_n x^n| = \left| a_n x_0^n \cdot \frac{x^n}{x_0^n} \right| = |a_n x_0^n| \cdot \left| \frac{x}{x_0} \right|^n \le M \left| \frac{x}{x_0} \right|^n.$$

当 $|x| < |x_0|$ 时,$\left| \dfrac{x}{x_0} \right| < 1$,等比级数 $\sum\limits_{n=0}^{\infty} M \left| \dfrac{x}{x_0} \right|^n$ 收敛.由正项级数的比较审敛法知,幂级数 $\sum\limits_{n=0}^{\infty} |a_n x^n|$ 收敛,从而级数 $\sum\limits_{n=0}^{\infty} a_n x^n$ 绝对收敛.

(2) 利用反证法证明.若幂级数在 $x = x_0$ 处发散,而有一点 x_1

满足 $|x_1|>|x_0|$ 使得级数收敛,则根据(1)的结论知,级数在 $x=x_0$ 处必收敛,这与已知相矛盾,从而定理得证.

阿贝尔定理告诉我们:若幂级数 $\sum\limits_{n=0}^{\infty}a_n x^n$ 在 $x=x_0$ 处收敛,则该幂级数在 $(-|x_0|,|x_0|)$ 内绝对收敛;若幂级数 $\sum\limits_{n=0}^{\infty}a_n x^n$ 在 $x=x_0$ 处发散,则该幂级数在 $(-\infty,-|x_0|)\cup(|x_0|,+\infty)$ 内发散.

我们假设幂级数在数轴上既有收敛点(不仅是原点)也有发散点.现在从原点沿数轴向右边移动,最初只遇到收敛点,然后就只遇到发散点.这两部分的界点可能是收敛点也可能是发散点.从原点沿数轴向左边移动,情形也是如此.两个界点在原点的两侧,且由定理 8.8 知,它们到原点的距离是相等的.由此我们可得如下重要推论:

推论   如果幂级数 $\sum\limits_{n=0}^{\infty}a_n x^n$ 不是仅在 $x=0$ 一点收敛,也不是在整个数轴上都收敛,则必有一个确定的数 R 存在,使得

(1) 当 $|x|<R$ 时,幂级数 $\sum\limits_{n=0}^{\infty}a_n x^n$ 绝对收敛;

(2) 当 $|x|>R$ 时,幂级数 $\sum\limits_{n=0}^{\infty}a_n x^n$ 发散;

(3) 当 $x=R$ 与 $x=-R$ 时,幂级数可能收敛也可能发散.

正数 R 通常叫作幂级数 $\sum\limits_{n=0}^{\infty}a_n x^n$ 的收敛半径,开区间 $(-R,R)$ 叫作幂级数的收敛区间.根据幂级数在 $x=\pm R$ 处的敛散性,可以确定幂级数的收敛域为 $(-R,R)$,$[-R,R)$,$(-R,R]$,$[-R,R]$ 中的某一个.

特别地,当幂级数 $\sum\limits_{n=0}^{\infty}a_n x^n$ 仅在 $x=0$ 处收敛时,规定其收敛半径为 $R=0$;当 $\sum\limits_{n=0}^{\infty}a_n x^n$ 在整个数轴上都收敛时,规定其收敛半径为 $R=+\infty$,此时的收敛域为 $(-\infty,+\infty)$.

关于幂级数收敛半径的计算,有以下定理.

定理 8.9   设 R 是幂级数 $\sum\limits_{n=0}^{\infty}a_n x^n$ 的收敛半径,而幂级数 $\sum\limits_{n=0}^{\infty}a_n x^n$ 的系数满足

$$\lim_{n\to\infty}\left|\frac{a_{n+1}}{a_n}\right|=\rho,$$

则

(1) 当 $0<\rho<+\infty$ 时,$R=\dfrac{1}{\rho}$;

（2）当 $\rho=0$ 时，$R=+\infty$；

（3）当 $\rho=+\infty$ 时，$R=0$.

证明：考察幂级数 $\sum\limits_{n=0}^{\infty}a_n x^n$ 的各项取绝对值所成的级数

$$\sum_{n=0}^{\infty}|a_n x^n|=|a_0|+|a_1 x|+|a_2 x^2|+\cdots+|a_n x^n|+\cdots.$$

有

$$\lim_{n\to\infty}\left|\frac{a_{n+1}x^{n+1}}{a_n x^n}\right|=\lim_{n\to\infty}\left|\frac{a_{n+1}}{a_n}\right|\cdot|x|=\rho\cdot|x|.$$

（1）若 $0<\rho<+\infty$，由达朗贝尔比值审敛法知，当 $\rho|x|<1$ 即 $|x|<\dfrac{1}{\rho}$ 时，$\sum\limits_{n=0}^{\infty}|a_n x^n|$ 收敛，从而 $\sum\limits_{n=0}^{\infty}a_n x^n$ 绝对收敛；当 $\rho|x|>1$ 即 $|x|>\dfrac{1}{\rho}$ 时，$\sum\limits_{n=0}^{\infty}|a_n x^n|$ 发散，且一般项 $|a_n x^n|$ 不趋于 0，则 $a_n x^n$ 也不趋于 0，由级数收敛的必要条件知，级数 $\sum\limits_{n=0}^{\infty}a_n x^n$ 发散. 综上，幂级数 $\sum\limits_{n=0}^{\infty}a_n x^n$ 的收敛半径为 $R=\dfrac{1}{\rho}$.

（2）若 $\rho=0$，则 $\rho\cdot|x|=0<1$，即对任意 $x\in(-\infty,+\infty)$，$\sum\limits_{n=0}^{\infty}|a_n x^n|$ 收敛，从而幂级数 $\sum\limits_{n=0}^{\infty}a_n x^n$ 绝对收敛，且收敛半径 $R=+\infty$.

（3）若 $\rho=+\infty$，则对任意 $x\neq 0$，$\rho\cdot|x|=+\infty$，故级数 $\sum\limits_{n=0}^{\infty}a_n x^n$ 发散. 所以幂级数 $\sum\limits_{n=0}^{\infty}a_n x^n$ 仅在 $x=0$ 处收敛，其收敛半径为 $R=0$.

【例 8.3.2】　求下列幂级数的收敛半径及收敛域.

（1）$\sum\limits_{n=1}^{\infty}\dfrac{x^n}{n!}$；　　　　（2）$\sum\limits_{n=1}^{\infty}n^n x^n$.

分析：利用定理 8.9 进行分析.

解：（1）$\rho=\lim\limits_{n\to\infty}\left|\dfrac{a_{n+1}}{a_n}\right|=\lim\limits_{n\to\infty}\dfrac{n!}{(n+1)!}=\lim\limits_{n\to\infty}\dfrac{1}{n+1}=0$，

故收敛半径 R 为 $+\infty$，收敛域为 $(-\infty,+\infty)$.

（2）$\rho=\lim\limits_{n\to\infty}\left|\dfrac{a_{n+1}}{a_n}\right|=\lim\limits_{n\to\infty}\dfrac{(n+1)^{n+1}}{n^n}=\lim\limits_{n\to\infty}(n+1)\left(1+\dfrac{1}{n}\right)^n=\infty$，

故收敛半径 R 为 0.

【例 8.3.3】　求 $\sum\limits_{n=1}^{\infty}\dfrac{(-x)^n}{3^n\sqrt{n}}$ 的收敛半径和收敛域.

分析：利用定理 8.9 求出收敛半径，再判断级数在端点处的敛散性,从而确定收敛域.

解:因为

$$\rho = \lim_{n \to \infty} \left| \frac{a_{n+1}}{a_n} \right| = \lim_{n \to \infty} \frac{3^n \sqrt{n}}{3^{n+1} \sqrt{n+1}} = \frac{1}{3},$$

故收敛半径 $R = \dfrac{1}{\rho} = 3$.

当 $x = 3$ 时,级数为 $\displaystyle\sum_{n=1}^{\infty} \frac{(-1)^n}{\sqrt{n}}$,由莱布尼茨判别法知,该级数收敛.

当 $x = -3$ 时,级数为 $\displaystyle\sum_{n=1}^{\infty} \frac{1}{\sqrt{n}}$,为 $p = \dfrac{1}{2}$ 的 p-级数,该级数发散.

综上,幂级数的收敛半径为 $R = 3$,收敛域为 $(-3, 3]$.

【例 8.3.4】 求幂级数 $\displaystyle\sum_{n=1}^{\infty} \frac{(x-1)^n}{2^n n}$ 的收敛域.

▶ 例 8.3.4

分析:先作变量替换 $y = x - 1$,求出级数 $\displaystyle\sum_{n=1}^{\infty} \frac{y^n}{2^n n}$ 的收敛域,再利用关系 $y = x - 1$ 求出级数 $\displaystyle\sum_{n=1}^{\infty} \frac{(x-1)^n}{2^n n}$ 的收敛域.

解:令 $y = x - 1$,级数变为 $\displaystyle\sum_{n=1}^{\infty} \frac{y^n}{2^n n}$.

因为

$$\rho = \lim_{n \to \infty} \left| \frac{a_{n+1}}{a_n} \right| = \lim_{n \to \infty} \frac{2^n \cdot n}{2^{n+1} \cdot (n+1)} = \frac{1}{2},$$

所以收敛半径 $R = 2$.

当 $y = 2$ 时,级数成为 $\displaystyle\sum_{n=1}^{\infty} \frac{1}{n}$,此级数发散;当 $y = -2$ 时,级数成为 $\displaystyle\sum_{n=1}^{\infty} \frac{(-1)^n}{n}$,此级数收敛.因此级数 $\displaystyle\sum_{n=1}^{\infty} \frac{y^n}{2^n n}$ 的收敛域为 $-2 \leqslant y < 2$,即 $-2 \leqslant x - 1 < 2$,或 $-1 \leqslant x < 3$,所以原级数的收敛域为 $[-1, 3)$.

【例 8.3.5】 求幂级数 $\displaystyle\sum_{n=0}^{\infty} \frac{(2n)!}{(n!)^2} x^{2n}$ 的收敛半径.

分析:级数缺少奇次幂的项,故定理 8.9 不能应用,但可以根据比值审敛法来求收敛半径.

解:幂级数的一般项记为 $u_n(x) = \dfrac{(2n)!}{(n!)^2} x^{2n}$.

因为

$$\lim_{n \to \infty} \left| \frac{u_{n+1}(x)}{u_n(x)} \right| = \lim_{n \to \infty} \left| \frac{\dfrac{[2(n+1)]!}{[(n+1)!]^2} x^{2(n+1)}}{\dfrac{(2n)!}{(n!)^2} x^{2n}} \right|$$

$$= \lim_{n \to \infty} \frac{(2n+2)(2n+1)}{(n+1)^2} x^2 = 4 \mid x \mid^2,$$

当 $4 \mid x \mid^2 < 1$, 即 $\mid x \mid < \dfrac{1}{2}$ 时级数收敛;

当 $4 \mid x \mid^2 > 1$, 即 $\mid x \mid > \dfrac{1}{2}$ 时级数发散, 所以幂级数的收敛半径为

$R = \dfrac{1}{2}$.

8.3.3　幂级数的运算

性质 1(代数性质)　设幂级数 $\sum\limits_{n=0}^{\infty} a_n x^n$, $\sum\limits_{n=0}^{\infty} b_n x^n$ 的收敛半径分别为 R_1, R_2, 和函数分别为 $s_1(x), s_2(x)$, 则有

(1) 在 $R = \min\{R_1, R_2\}$ 中, 幂级数

$$\sum_{n=0}^{\infty} (a_n \pm b_n) x^n = \sum_{n=0}^{\infty} a_n x^n \pm \sum_{n=0}^{\infty} b_n x^n = s_1(x) \pm s_2(x).$$

(2) 在 $R = \min\{R_1, R_2\}$ 中, 幂级数

$$\left(\sum_{n=0}^{\infty} a_n x^n \right) \cdot \left(\sum_{n=0}^{\infty} b_n x^n \right) = \sum_{n=0}^{\infty} c_n x^n = s_1(x) \cdot s_2(x),$$

其中 $c_n = a_0 b_n + a_1 b_{n-1} + \cdots + a_k b_{n-k} + \cdots + a_n b_0$.

性质 2　设幂级数 $\sum\limits_{n=0}^{\infty} a_n x^n$ 的收敛半径为 R, 则其和函数 $s(x)$ 在收敛区间内连续, 如果幂级数在端点 $x = R$ 处收敛, 则和函数在 $x = R$ 处左连续; 如果幂级数在端点 $x = -R$ 处收敛, 则和函数在 $x = -R$ 处右连续.

性质 3　在幂级数 $\sum\limits_{n=0}^{\infty} a_n x^n$ 的收敛区间 $(-R, R)$ 上, 和函数 $s(x)$ 导数存在, 且

$$s'(x) = \left(\sum_{n=0}^{\infty} a_n x^n \right)' = \sum_{n=0}^{\infty} (a_n x^n)' = \sum_{n=0}^{\infty} n a_n x^{n-1},$$

且逐项求导后的幂级数和原幂级数的收敛半径相同, 但收敛域可能发生变化.

性质 4　在幂级数 $\sum\limits_{n=0}^{\infty} a_n x^n$ 的收敛区间 $(-R, R)$ 上, 和函数 $s(x)$ 积分存在, 且

$$\int_0^x s(x) \mathrm{d}x = \int_0^x \left(\sum_{n=0}^{\infty} a_n x^n \right) \mathrm{d}x = \sum_{n=0}^{\infty} \int_0^x a_n x^n \mathrm{d}x = \sum_{n=0}^{\infty} \frac{a_n}{n+1} x^{n+1},$$

逐项积分后的幂级数和原幂级数的收敛半径相同, 但收敛域可能发生变化.

【例 8.3.6】 求级数 $\sum\limits_{n=1}^{\infty} nx^{n-1}$ 的和函数.

分析: 先求出级数的收敛域,利用和函数的性质将和函数与等比级数 $\sum\limits_{n=1}^{\infty} x^n$ 联系起来.

解: 先求幂级数的收敛域,由 $\lim\limits_{n\to\infty}\left|\dfrac{a_{n+1}}{a_n}\right| = \lim\limits_{n\to\infty}\dfrac{n+1}{n} = 1$,得收敛半径为 $R=1$.

在 $x=-1$ 处,级数为 $\sum\limits_{n=1}^{\infty} n(-1)^{n-1}$,$\lim\limits_{n\to\infty} u_n = \lim\limits_{n\to\infty} n(-1)^{n-1}$,极限不存在,级数发散;

在 $x=1$ 处,级数为 $\sum\limits_{n=1}^{\infty} n$,$\lim\limits_{n\to\infty} u_n = \lim\limits_{n\to\infty} n = +\infty$,亦发散,级数发散;

所以幂级数的收敛域为 $(-1,1)$.

设幂级数的和函数为 $s(x)$,即

$$s(x) = \sum_{n=1}^{\infty} nx^{n-1} (-1<x<1),$$

则有

$$\int_0^x s(x)\,\mathrm{d}x = \int_0^x \left(\sum_{n=1}^{\infty} nx^{n-1} \right) \mathrm{d}x = \sum_{n=1}^{\infty} \int_0^x nx^{n-1}\,\mathrm{d}x = \sum_{n=1}^{\infty} x^n = \frac{x}{1-x}.$$

所以

$$s(x) = \left(\int_0^x s(x)\,\mathrm{d}x \right)' = \left(\frac{x}{1-x} \right)' = \frac{1}{(1-x)^2} \quad (-1<x<1).$$

上述解法利用性质 4 将和函数与等比级数 $\sum\limits_{n=1}^{\infty} x^n$ 联系起来,也可以按照下面的方法做:

$$s(x) = \sum_{n=1}^{\infty} nx^{n-1} = \sum_{n=1}^{\infty} (x^n)' = \left(\sum_{n=1}^{\infty} x^n \right)' = \left(\frac{x}{1-x} \right)' = \frac{1}{(1-x)^2} \quad (-1<x<1).$$

***【例 8.3.7】** 求幂级数 $\sum\limits_{n=0}^{\infty} \dfrac{1}{n+1} x^n$ 的和函数.

分析: 先求出级数的收敛域,再利用和函数的性质将和函数与等比级数 $\sum\limits_{n=1}^{\infty} x^n$ 联系起来.

解: 易求得幂级数 $\sum\limits_{n=0}^{\infty} \dfrac{1}{n+1} x^n$ 的收敛域为 $[-1,1)$.

设幂级数的和函数为 $s(x)$,即 $s(x) = \sum\limits_{n=0}^{\infty} \dfrac{1}{n+1} x^n$,$x \in [-1,1)$.显然 $s(0)=1$.因为

$$xs(x) = \sum_{n=0}^{\infty} \frac{1}{n+1} x^{n+1} = \int_0^x \left(\sum_{n=0}^{\infty} \frac{1}{n+1} x^{n+1} \right)' \mathrm{d}x$$

$$= \int_0^x \left(\sum_{n=0}^{\infty} x^n \right) dx = \int_0^x \frac{1}{1-x} dx = -\ln(1-x) \quad (-1 < x < 1).$$

所以, 当 $0 < |x| < 1$ 时, 有 $s(x) = -\frac{1}{x} \ln(1-x)$.

从而

$$s(x) = \begin{cases} -\dfrac{1}{x} \ln(1-x), & 0 < |x| < 1, \\ 1, & x = 0. \end{cases}$$

由和函数在收敛域上的连续性, 得 $s(-1) = \lim\limits_{x \to -1^+} s(x) = \ln 2$.

综合起来得 $s(x) = \begin{cases} -\dfrac{1}{x} \ln(1-x), & x \in [-1, 0) \cup (0, 1), \\ 1, & x = 0. \end{cases}$

【例 8.3.8】 求级数 $\sum\limits_{n=0}^{\infty} \dfrac{(-1)^n}{n+1}$ 的和.

分析: 利用上例的结论进行计算.

解: 考虑幂级数 $\sum\limits_{n=0}^{\infty} \dfrac{1}{n+1} x^n$ 在 $[-1, 1)$ 上收敛, 设其和函数为 $s(x)$,

则

$$s(-1) = \sum_{n=0}^{\infty} \frac{(-1)^n}{n+1}.$$

在上例中已得到 $xs(x) = -\ln(1-x)$, 于是 $-s(-1) = -\ln(2)$, $s(-1) = \ln 2$,

即

$$\sum_{n=0}^{\infty} \frac{(-1)^n}{n+1} = \ln 2.$$

【例 8.3.9】 求级数 $\sum\limits_{n=1}^{\infty} nx^n$ 的和函数.

分析: 先求收敛域, 利用和函数性质将级数与 $\sum\limits_{n=1}^{\infty} x^n$ 建立联系.

解: 先求幂级数的收敛域, 由 $\lim\limits_{n \to \infty} \left| \dfrac{a_{n+1}}{a_n} \right| = \lim\limits_{n \to \infty} \dfrac{n+1}{n} = 1$, 得收敛半径为 $R = 1$.

在端点 $x = -1$ 处, 级数为 $\sum\limits_{n=1}^{\infty} n(-1)^n$, $\lim\limits_{n \to \infty} u_n = \lim\limits_{n \to \infty} n(-1)^n$, 极限不存在, 则该级数发散; 当 $x = 1$ 时, 级数为 $\sum\limits_{n=1}^{\infty} n$, $\lim\limits_{n \to \infty} u_n = \lim\limits_{n \to \infty} n = +\infty$, 亦发散, 所以幂级数的收敛域为 $(-1, 1)$.

设幂级数的和函数为 $s(x)$, 即

$$s(x) = \sum_{n=1}^{\infty} nx^n = x \sum_{n=1}^{\infty} nx^{n-1} \quad (-1 < x < 1),$$

由【例 8.3.6】知

$$\sum_{n=1}^{\infty} nx^{n-1} = \frac{1}{(1-x)^2} \quad (-1<x<1),$$

所以幂级数 $\sum_{n=1}^{\infty} nx^n$ 的和函数为

$$s(x) = \frac{x}{(1-x)^2} \quad (-1<x<1).$$

*【例 8.3.10】 求 $\sum_{n=1}^{\infty} n(n+2)x^n$ 在 $(-1,1)$ 内的和函数.

分析:将级数拆成两部分 $\sum_{n=1}^{\infty} n(n+2)x^n = \sum_{n=1}^{\infty} n(n+1)x^n + \sum_{n=1}^{\infty} nx^n$,
分别求出每部分的和函数.

解: $\displaystyle\sum_{n=1}^{\infty} n(n+2)x^n = \sum_{n=1}^{\infty} n(n+1)x^n + \sum_{n=1}^{\infty} nx^n$

$$= x\sum_{n=1}^{\infty} n(n+1)x^{n-1} + x\sum_{n=1}^{\infty} nx^{n-1}$$

$$= x\left(\sum_{n=1}^{\infty} x^{n+1}\right)'' + x\left(\sum_{n=1}^{\infty} x^n\right)' = x\left(\frac{x^2}{1-x}\right)'' + x\left(\frac{x}{1-x}\right)'$$

$$= \frac{2x}{(1-x)^3} + \frac{x}{(1-x)^2} = \frac{x(3-x)}{(1-x)^3}, x \in (-1,1).$$

　　本节我们研究了幂级数的收敛域及和函数的求法,但在许多应用中,我们遇到的是相反的问题:给定一个函数 $f(x)$,能否把它写成幂级数的形式呢? 比如我们熟悉的函数: e^x, $\sin x$, $\ln(1+x)$ 等,若写成幂级数的形式,有什么优势,可以应用在哪些地方? 下一节,我们将主要对这些问题进行研究.

练习 8.3

1. 求下列幂级数的收敛域.

(1) $\displaystyle\sum_{n=1}^{\infty} nx^n$;

(2) $\displaystyle\sum_{n=1}^{\infty} \frac{n!}{n^n}x^n$;

(3) $\displaystyle\sum_{n=1}^{\infty} \frac{x^n}{n \cdot 3^n}$;

(4) $\displaystyle\sum_{n=0}^{\infty} (-1)^n \frac{x^{2n+1}}{2n+1}$;

(5) $\displaystyle\sum_{n=0}^{\infty} (-1)^n \frac{x^n}{n!}$;

(6) $\displaystyle\sum_{n=0}^{\infty} \frac{2n-1}{2^n} \cdot x^{2n-2}$;

(7) $\displaystyle\sum_{n=0}^{\infty} (-1)^n \frac{(x+1)^n}{2n+1}$;

(8) $\displaystyle\sum_{n=0}^{\infty} n!(x+3)^n$;

(9) $\displaystyle\sum_{n=1}^{\infty} \frac{(x-5)^n}{\sqrt{n}}$.

2. 利用逐项求导或逐项积分,求下列级数的和函数.

(1) $\sum_{n=1}^{\infty} (-1)^n \dfrac{x^n}{n}$;　　　　(2) $\sum_{n=1}^{\infty} 2nx^{2n-1}$;

(3) $\sum_{n=1}^{\infty} \dfrac{n}{n+1}x^n$;　　　　*(4) $\sum_{n=1}^{\infty} \dfrac{n(n-1)}{2}x^n$;

(5) $\sum_{n=1}^{\infty} (2n+1)x^n$.

3. 求下列级数的和.

(1) $\sum_{n=2}^{\infty} \dfrac{1}{n(n-1) \cdot 3^n}$;　　　　(2) $\sum_{n=1}^{\infty} \dfrac{n}{a^n}(a>1)$;

*(3) $\sum_{n=1}^{\infty} \dfrac{n(n+1)}{2^n}$.

8.4　函数的幂级数展开

预备知识:函数 $f(x)$ 在 x_0 处的 n 阶泰勒展开式: $f(x) = a_0 + a_1(x-x_0) + a_2(x-x_0)^2 + \cdots + a_n(x-x_0)^n + R_n(x)$,泰勒系数 $a_n = \dfrac{f^{(n)}(x_0)}{n!}$,拉格朗日余项 $R_n(x) = \dfrac{f^{(n+1)}(\xi)}{(n+1)!}(x-x_0)^{n+1}$,其中,$\xi$ 介于 x_0 与 x 之间;n 阶导数公式: $(\sin x)^{(n)} = \sin\left(x+n \cdot \dfrac{\pi}{2}\right)$, $(\mathrm{e}^x)^{(n)} = \mathrm{e}^x$, $(x^{\mu})^{(n)} = \mu(\mu-1)(\mu-2)\cdots(\mu-n+1)x^{\mu-n}$;及 $\sin(x+y) = \sin x\cos y + \cos x\sin y$, $a^x = \mathrm{e}^{x\ln a}$.

函数的幂级数展开

在 8.3 节,我们讨论了函数项级数的收敛半径和收敛域,在收敛域内,函数项级数总是收敛于一个和函数.本节,我们将要讨论这一问题的反问题:即对于一个给定的函数 $f(x)$,能否找到这样一个幂级数,使得这个幂级数在某区域内收敛,并且在该区域内的和函数恰恰就是已知函数 $f(x)$.如果能找到这样的幂级数,那么我们就称函数 $f(x)$ 在这个区域上能展成幂级数.把一个函数展成幂级数,对于研究函数的性质有很高的实用价值.

8.4.1　泰勒级数

假设函数 $f(x)$ 在 x_0 的某邻域 $U(x_0)$ 内能展成幂级数,则有

$$f(x) = a_0 + a_1(x-x_0) + a_2(x-x_0)^2 + \cdots + a_n(x-x_0)^n + \cdots, x \in U(x_0)$$

根据幂级数的和函数的性质知,和函数 $f(x)$ 在 x_0 的这个邻域内具有任意阶导数,对上式求 n 阶导数,得

$$f^{(n)}(x) = n!a_n + (n+1)!a_{n+1}(x-x_0) + \dfrac{(n+2)!}{2}a_{n+2}(x-x_0)^2 + \cdots,$$

则有

$$a_n = \frac{f^{(n)}(x_0)}{n!}.$$

这就表明如果函数 $f(x)$ 能展成幂级数,那么幂级数的系数由上式确定,该幂级数变为

$$f(x_0) + f'(x_0)(x-x_0) + \frac{f''(x_0)}{2}(x-x_0)^2 + \cdots + \frac{f^{(n)}(x_0)}{n!}(x-x_0)^n + \cdots.$$
$$(8.1)$$

而 $f(x)$ 的展开式为

$$f(x) = f(x_0) + f'(x_0)(x-x_0) + \frac{f''(x_0)}{2}(x-x_0)^2 + \cdots + \frac{f^{(n)}(x_0)}{n!}(x-x_0)^n + \cdots, x \in U(x_0). \quad (8.2)$$

幂级数(8.1)叫作函数 $f(x)$ 在 x_0 处的**泰勒级数**,展开式(8.2)叫作函数 $f(x)$ 在点 x_0 的**泰勒展开式**.

由以上讨论可知,函数 $f(x)$ 在 $U(x_0)$ 内能展开成幂级数的充分必要条件是泰勒展开式(8.2)成立,也就是泰勒级数(8.1)在 $U(x_0)$ 内收敛,且收敛到 $f(x)$.

下面的定理给出了泰勒展开式(8.2)成立的条件.

定理 8.10　如果函数 $f(x)$ 在点 x_0 的某个领域 $U(x_0)$ 内具有各阶导数,则在这个邻域内 $f(x)$ 能展成泰勒级数的充分必要条件为在该邻域内的任一点 $x \in U(x_0)$,$f(x)$ 的泰勒公式中的拉格朗日余项满足 $\lim\limits_{n \to \infty} R_n(x) = 0$.

证明:函数 $f(x)$ 的 n 阶泰勒公式为

$$f(x) = f(x_0) + f'(x_0)(x-x_0) + \frac{f''(x_0)}{2}(x-x_0)^2 + \cdots + \frac{f^{(n)}(x_0)}{n!}(x-x_0)^n + R_n(x),$$

其中

$$R_n(x) = \frac{f^{(n+1)}(\xi)}{(n+1)!}(x-x_0)^{n+1}$$

是拉格朗日余项,其中,ξ 是介于 x_0 和 x 之间的某个数.而

$$p_n(x) = f(x_0) + f'(x_0)(x-x_0) + \frac{f''(x_0)}{2}(x-x_0)^2 + \cdots + \frac{f^{(n)}(x_0)}{n!}(x-x_0)^n$$

叫作函数 $f(x)$ 的 n 次泰勒多项式,则有

$$f(x) = p_n(x) + R_n(x).$$

可见 n 次泰勒多项式即为泰勒展开式的前 $(n+1)$ 项部分和.

必要性:若函数能展成泰勒级数,根据级数收敛的定义有

$$\lim_{n \to \infty} R_n(x) = \lim_{n \to \infty} [f(x) - p_n(x)] = f(x) - f(x) = 0.$$

充分性:设 $\lim\limits_{n \to \infty} R_n(x) = 0$,由泰勒公式

$$p_n(x) = f(x) - R_n(x),$$

则

$$\lim_{n \to \infty} p_n(x) = \lim_{n \to \infty} [f(x) - R_n(x)] = f(x).$$

即 $f(x)$ 的泰勒级数在这个邻域内收敛,并且收敛到 $f(x)$.

不难看出,如果函数 $f(x)$ 在某个邻域内能展成 $(x-x_0)$ 的幂级数,那么这个幂级数就一定是泰勒级数,即函数 $f(x)$ 的幂级数展开式是唯一的.

如果函数 $f(x)$ 能在某个区间上展开成幂级数,那么它在这个区间上必须具有任意阶导数,换句话说,如果一个函数没有任意阶导数,那它是不可能展成幂级数的.

特别地,如果 $x_0=0$,则级数(8.1)为

$$f(0)+f'(0)x+\frac{f''(0)}{2}x^2+\cdots+\frac{f^{(n)}(0)}{n!}x^n+\cdots,\qquad(8.3)$$

级数(8.3)称为**麦克劳林级数**,如果函数 $f(x)$ 在原点的一个邻域内展成 x 的幂级数,即

$$f(x)=f(0)+f'(0)x+\frac{f''(0)}{2}x^2+\cdots+\frac{f^{(n)}(0)}{n!}x^n+\cdots.\qquad(8.4)$$

我们把展开式(8.4)称为函数的**麦克劳林展开式**.

8.4.2　函数展开为幂级数

把函数 $f(x)$ 展成 x 的幂级数的主要方法有直接展开法和间接展开法.

1. 直接展开法

利用泰勒公式或者麦克劳林公式,把函数 $f(x)$ 展开成 x 的幂级数的步骤如下.

第一步:求出函数 $f(x)$ 的各阶导数 $f'(x),f''(x),\cdots,f^{(n)}(x),\cdots$,如果在 $x=0$ 处,某阶导数不存在,则停止进行,例如在 $x=0$ 处,$\sqrt{x}$ 的一阶导数不存在,它就不能展成为 x 幂级数.

第二步:求出 $f(x)$ 及其各阶导数在 $x=0$ 处的值:
$$f(0),f'(0),f''(0),\cdots,f^{(n)}(0),\cdots.$$

第三步:写出对应的幂级数
$$f(0)+f'(0)x+\frac{f''(0)}{2!}x^2+\cdots+\frac{f^{(n)}(0)}{n!}x^n+\cdots$$

并求出收敛半径 R.

第四步:在收敛区间 $(-R,R)$ 内,计算 $\lim\limits_{n\to\infty}R_n(x)=\lim\limits_{n\to\infty}\dfrac{f^{(n+1)}(\xi)}{(n+1)!}x^{n+1}$,如果极限为零,则函数在收敛域 $(-R,R)$ 内的幂级数展开式为

$$f(x)=f(0)+f'(0)x+\frac{f''(0)}{2}x^2+\cdots+\frac{f^{(n)}(0)}{n!}x^n+\cdots$$

如果极限不为零,则幂级数
$$f(0)+f'(0)x+\frac{f''(0)}{2}x^2+\cdots+\frac{f^{(n)}(0)}{n!}x^n+\cdots$$

虽然收敛,但是它的收敛和不是 $f(x)$.

【例 8.4.1】 把函数 $f(x)=\mathrm{e}^x$ 展成麦克劳林级数.

分析:利用直接展开法的一般步骤进行计算.

解: $$f^{(n)}(x)=e^x, n=1,2,\cdots,$$

所以 $$f(0)=f'(0)=f''(0)=\cdots=f^{(n)}(0)=\cdots=1,$$

则得到级数 $$1+x+\frac{1}{2}x^2+\cdots+\frac{1}{n!}x^n+\cdots.$$

它的收敛半径为 $R=\lim\limits_{n\to\infty}\dfrac{a_n}{a_{n+1}}=\lim\limits_{n\to\infty}\dfrac{(n+1)!}{n!}=\lim\limits_{n\to\infty}(n+1)=+\infty$,收敛区间为 $(-\infty,+\infty)$.

对于 $x\in(-\infty,+\infty)$, $R_n(x)=\dfrac{e^\xi}{(n+1)!}x^{n+1}(0<\xi<x)$,

$$|R_n(x)|=\left|\frac{e^\xi}{(n+1)!}x^{n+1}\right|<\frac{e^{|x|}}{(n+1)!}|x|^{n+1}.$$

其中 $e^{|x|}$ 是一个有限的数,而级数 $\sum\limits_{n=0}^{\infty}\dfrac{|x|^{n+1}}{(n+1)!}$ 是正项级数,且因为这个正项级数收敛,则利用收敛级数收敛的必要条件知 $\lim\limits_{n\to\infty}\dfrac{|x|^{n+1}}{(n+1)!}=0$.当 $n\to\infty$ 时,有 $\dfrac{e^{|x|}}{(n+1)!}|x|^{n+1}\to0$,即 $\lim\limits_{n\to\infty}R_n(x)=0$,因此 e^x 展开式为

$$e^x=1+x+\frac{1}{2}x^2+\cdots+\frac{1}{n!}x^n+\cdots\;(-\infty<x<+\infty).$$

在点 $x=0$ 附近,可以用多项式 $1+x+\dfrac{1}{2}x^2+\cdots+\dfrac{1}{n!}x^n$ 来近似代替函数 e^x ,并且项数越多,多项式就越接近函数 e^x .

【例 8.4.2】   把函数 $f(x)=\sin x$ 展成 x 的幂级数.

分析:利用直接展开法步骤进行计算.

解: $$f^{(n)}(x)=\sin\left(x+\frac{n}{2}\pi\right), n=1,2,\cdots,$$

$$f(0)=0, f'(0)=1, f''(0)=0, f'''(0)=-1,\cdots,$$
$$f^{(2k)}(0)=0, f^{(2k+1)}(0)=(-1)^k,\cdots,$$

则得到级数 $x-\dfrac{1}{3!}x^3+\dfrac{1}{5!}x^5+\cdots+(-1)^n\dfrac{1}{(2n+1)!}x^{2n+1}+\cdots.$

它的收敛半径为 $R=+\infty$,收敛区间为 $(-\infty,+\infty)$.

对于 $x\in(-\infty,+\infty)$, $R_n(x)=\dfrac{\sin\left(\xi+\dfrac{n+1}{2}\pi\right)}{(n+1)!}x^{n+1}(0<\xi<x)$,

$$|R_n(x)|=\left|\frac{\sin\left(\xi+\dfrac{n+1}{2}\pi\right)}{(n+1)!}x^{n+1}\right|\leqslant\frac{1}{(n+1)!}|x|^{n+1}.$$

其中 $\lim\limits_{n\to\infty}\dfrac{|x|^{n+1}}{(n+1)!}=0$,当 $n\to\infty$ 时,有 $\dfrac{\left|\sin\left(\xi+\dfrac{n+1}{2}\pi\right)\right|}{(n+1)!}|x|^{n+1}\to0$,即

$\lim\limits_{n\to\infty}R_n(x)=0$,因此 $\sin x$ 的展开式为

$$\sin x=x-\frac{1}{3!}x^3+\frac{1}{5!}x^5-\cdots+(-1)^n\frac{1}{(2n+1)!}x^{2n+1}+\cdots\quad(-\infty<x<+\infty).$$

*【例 8.4.3】 把函数 $f(x)=(1+x)^m$ 展成 x 的幂级数,其中 m 为任意实数.

分析:利用直接展开法步骤.

解:因为
$$f'(x)=m(1+x)^{m-1},$$
$$f''(x)=m(m-1)(1+x)^{m-2},$$
$$\vdots$$
$$f^{(n)}(x)=m(m-1)\cdots(m-n+1)(1+x)^{m-n},$$
$$\vdots$$

所以
$$f(0)=1,f'(0)=m,f''(0)=m(m-1),$$
$$f'''(0)=m(m-1)(m-2),\cdots,$$
$$f^{(n)}(0)=m(m-1)(m-2)\cdots(m-n+1),$$
$$\vdots$$

则得到级数
$$1+mx+\frac{m(m-1)}{2}x^2+\cdots+\frac{m(m-1)\cdots(m-n+1)}{n!}x^n+\cdots.$$

它的收敛半径为 $R=\lim\limits_{n\to\infty}\left|\dfrac{a_n}{a_{n+1}}\right|=\lim\limits_{n\to\infty}\left|\dfrac{n+1}{m-n}\right|=1$,收敛区间为 $(-1,1)$.

可以证明对于 $x\in(-1,1)$,$\lim\limits_{n\to\infty}R_n(x)=0$,因此 $(1+x)^m$ 的展开式为:

$$(1+x)^m=1+mx+\frac{m(m-1)}{2}x^2+\cdots+\frac{m(m-1)\cdots(m-n+1)}{n!}x^n+\cdots(-1<x<1).$$

在端点处级数的敛散性取决于实数 m 的值.

上述展开式叫作函数 $(1+x)^m$ 的二项展开式,当 m 是整数时,级数就变成 x 的有限项多项式,即是代数学中的二次多项式的展开式.

当 $m=\dfrac{1}{2}$ 或 $-\dfrac{1}{2}$ 时有

$$\sqrt{1+x}=1+\frac{1}{2}x-\frac{1}{2\cdot4}x^2+\frac{1\cdot3}{2\cdot4\cdot6}x^3-\cdots(-1\leqslant x\leqslant1),$$

$$\frac{1}{\sqrt{1+x}}=1-\frac{1}{2}x+\frac{1\cdot3}{2\cdot4}x^2-\frac{1\cdot3\cdot5}{2\cdot4\cdot6}x^3+\cdots(-1<x\leqslant1).$$

利用直接展开法将函数展开成幂级数,不仅要求出函数的各阶导数 $f^{(n)}(x)$,还要考察余项的极限 $\lim\limits_{n\to\infty}R_n(x)$ 是否趋于零.这种方法计算量较大,而且研究余项即使在初等函数中也不是一件容易的事.

下面介绍的间接展开法,是利用一些已知函数的幂级数展开式,通过函数之间的运算(四则运算、变量代换运算、恒等变形、逐项积分或逐项求导运算),将所给函数展成幂级数,这样做不但计算简单,而且可以避免研究余项.

2. 间接展开法

前面已经求得的函数的幂级数展开式有

$$e^x = 1 + x + \frac{1}{2}x^2 + \cdots + \frac{1}{n!}x^n + \cdots \ (-\infty < x < +\infty).$$

$$\sin x = x - \frac{1}{3!}x^3 + \frac{1}{5!}x^5 - \cdots + (-1)^n \frac{1}{(2n+1)!}x^{2n+1} + \cdots (-\infty < x < +\infty).$$

$$(1+x)^m = 1 + mx + \frac{m(m-1)}{2}x^2 + \cdots + \frac{m(m-1)\cdots(m-n+1)}{n!}x^n + \cdots(-1 < x < 1).$$

$$\frac{1}{1-x} = 1 + x + x^2 + \cdots + x^n + \cdots(-1 < x < 1).$$

$$\frac{1}{1+x} = 1 - x + x^2 - \cdots + (-1)^n x^n + \cdots(-1 < x < 1).$$

利用这几个幂级数展开式可以求许多函数的幂级数展开式.

【例 8.4.4】　把函数 $f(x) = \cos x$ 展成 x 的幂级数.

分析:利用 $\sin x$ 的幂级数展开式及关系式 $\cos x = (\sin x)'$ 进行计算.

解:因

$$\sin x = x - \frac{1}{3!}x^3 + \frac{1}{5!}x^5 - \cdots + (-1)^n \frac{1}{(2n+1)!}x^{2n+1} + \cdots (-\infty < x < +\infty),$$

将上式逐项求导得

$$\cos x = 1 - \frac{1}{2!}x^2 + \frac{1}{4!}x^4 - \cdots + (-1)^n \frac{1}{(2n)!}x^{2n} + \cdots(-\infty < x < +\infty).$$

【例 8.4.5】　把函数 $f(x) = \ln(1+x)$ 展成 x 的幂级数.

分析:利用 $\frac{1}{1+x}$ 的幂级数展开式及关系式 $\ln(1+x) = \int_0^x \frac{1}{1+x}\mathrm{d}x$ 进行计算.

解:因　　　　　　　　$\ln(1+x) = \int_0^x \frac{1}{1+x}\mathrm{d}x,$

$$\frac{1}{1+x} = 1 - x + x^2 - \cdots + (-1)^n x^n + \cdots(-1 < x < 1),$$

将上式逐项求积分得

$$\ln(1+x) = \int_0^x \frac{1}{1+x}\mathrm{d}x = x - \frac{x^2}{2} + \frac{x^3}{3} - \cdots + (-1)^{n-1}\frac{x^n}{n} + \cdots.$$

当 $x = 1$ 时,级数 $\sum_{n=1}^{\infty} \frac{(-1)^{n-1}}{n}$ 收敛,$x = -1$ 时,级数 $-\sum_{n=1}^{\infty}\frac{1}{n}$ 发散,

所以　　$\ln(1+x) = x - \frac{x^2}{2} + \frac{x^3}{3} - \cdots + (-1)^{n-1}\frac{x^n}{n} + \cdots(-1 < x \leqslant 1).$

【例 8.4.6】　把函数 $f(x) = \arctan x$ 展成 x 的幂级数.

分析:利用 $\frac{1}{1+x}$ 的幂级数展开式得到 $\frac{1}{1+x^2}$ 的幂级数展开式,并利

用关系式$\arctan x=\int_0^x\dfrac{1}{1+x^2}\mathrm{d}x.$

解：因
$$\arctan x=\int_0^x\frac{1}{1+x^2}\mathrm{d}x,$$

$$\frac{1}{1+x^2}=1-x^2+x^4-\cdots+(-1)^n x^{2n}+\cdots(-1<x<1),$$

将上式逐项求积分得

$$\arctan x=\int_0^x\frac{1}{1+x^2}\mathrm{d}x=x-\frac{x^3}{3}+\frac{x^5}{5}-\cdots+(-1)^n\frac{x^{2n+1}}{2n+1}+\cdots.$$

当 $x=\pm1$ 时，对应的级数均为收敛的级数，

所以　$\arctan x=x-\dfrac{x^3}{3}+\dfrac{x^5}{5}-\cdots+(-1)^n\dfrac{x^{2n+1}}{2n+1}+\cdots(-1\leqslant x\leqslant1).$

【例 8.4.7】　把函数 $f(x)=a^x$ 展成 x 的幂级数.

分析：利用 e^x 的幂级数展开式及关系式 $a^x=\mathrm{e}^{x\ln a}$ 进行计算.

解：由

$$\mathrm{e}^x=1+x+\frac{1}{2}x^2+\cdots+\frac{1}{n!}x^n+\cdots(-\infty<x<+\infty),$$

得 $a^x=\mathrm{e}^{x\ln a}=1+\ln a\cdot x+\dfrac{(\ln a)^2}{2}x^2+\cdots+\dfrac{(\ln a)^n}{n!}x^n+\cdots\quad(-\infty<x<+\infty).$

*【例 8.4.8】　把函数 $f(x)=(1+x)\ln(1+x)$ 展成 x 的幂级数.

分析：将 $\ln(1+x)$ 的幂级数展开式直接代入，并整理同类项.

解：因 $\ln(1+x)=x-\dfrac{x^2}{2}+\dfrac{x^3}{3}-\cdots+(-1)^{n-1}\dfrac{x^n}{n}+\cdots$

$$=\sum_{n=1}^{\infty}(-1)^{n-1}\frac{x^n}{n}(-1<x\leqslant1),$$

所以　$f(x)=(1+x)\ln(1+x)=(1+x)\displaystyle\sum_{n=1}^{\infty}(-1)^{n-1}\frac{x^n}{n}$

$$=\sum_{n=1}^{\infty}(-1)^{n-1}\frac{x^n}{n}+x\sum_{n=1}^{\infty}(-1)^{n-1}\frac{x^n}{n}$$

$$=\sum_{n=1}^{\infty}(-1)^{n-1}\frac{x^n}{n}+\sum_{n=1}^{\infty}(-1)^{n-1}\frac{x^{n+1}}{n}$$

$$=\sum_{n=1}^{\infty}(-1)^{n-1}\frac{x^n}{n}+\sum_{n=2}^{\infty}(-1)^{n}\frac{x^n}{n-1}$$

$$=x+\sum_{n=2}^{\infty}(-1)^{n-1}\frac{x^n}{n}+\sum_{n=2}^{\infty}(-1)^{n}\frac{x^n}{n-1}$$

$$=x+\sum_{n=2}^{\infty}(-1)^{n}\left(\frac{1}{n-1}-\frac{1}{n}\right)x^n$$

$$=x+\sum_{n=2}^{\infty}(-1)^{n}\frac{x^n}{n(n-1)}(-1<x\leqslant1).$$

【例 8.4.9】　把函数 $f(x)=\sin x$ 展成 $\left(x-\dfrac{\pi}{4}\right)$ 的幂级数.

▶▶ 例 8.4.9 及例 8.4.10

分析:将 $\sin x$ 写成含有 $x-\dfrac{\pi}{4}$ 的形式: $\sin x=\sin\left[\left(x-\dfrac{\pi}{4}\right)+\dfrac{\pi}{4}\right]$,展开后,利用 $\sin x,\cos x$ 的幂级数展开式.

解:因

$$\sin x=\sin\left[\left(x-\frac{\pi}{4}\right)+\frac{\pi}{4}\right]$$

$$=\sin\left(x-\frac{\pi}{4}\right)\cos\frac{\pi}{4}+\cos\left(x-\frac{\pi}{4}\right)\sin\frac{\pi}{4}$$

$$=\frac{\sqrt{2}}{2}\left[\sin\left(x-\frac{\pi}{4}\right)+\cos\left(x-\frac{\pi}{4}\right)\right],$$

且

$$\sin\left(x-\frac{\pi}{4}\right)=\left(x-\frac{\pi}{4}\right)-\frac{1}{3!}\left(x-\frac{\pi}{4}\right)^3+\frac{1}{5!}\left(x-\frac{\pi}{4}\right)^5-\cdots(-\infty<x<+\infty),$$

$$\cos\left(x-\frac{\pi}{4}\right)=1-\frac{1}{2!}\left(x-\frac{\pi}{4}\right)^2+\frac{1}{4!}\left(x-\frac{\pi}{4}\right)^4-\cdots(-\infty<x<+\infty),$$

所以有

$$\sin x=\frac{\sqrt{2}}{2}\left[1+\left(x-\frac{\pi}{4}\right)-\frac{1}{2!}\left(x-\frac{\pi}{4}\right)^2-\frac{1}{3!}\left(x-\frac{\pi}{4}\right)^3+\frac{1}{4!}\left(x-\frac{\pi}{4}\right)^4+\frac{1}{5!}\left(x-\frac{\pi}{4}\right)^5+\cdots\right](-\infty<x<+\infty).$$

【例 8.4.10】 把函数 $f(x)=\dfrac{1}{x^2+3x+2}$ 展成 $(x-1)$ 的幂级数.

分析:将函数 $\dfrac{1}{x^2+3x+2}$ 拆成两部分 $\dfrac{1}{x^2+3x+2}=\dfrac{1}{x+1}-\dfrac{1}{x+2}$,把每一部分写成含有 $(x-1)$ 的形式,利用 $\dfrac{1}{1+x}$ 的幂级数展开式进行计算.

解:可知

$$f(x)=\frac{1}{x^2+3x+2}=\frac{1}{(x+1)(x+2)}=\frac{1}{x+1}-\frac{1}{x+2}$$

$$=\frac{1}{x-1+2}-\frac{1}{x-1+3}=\frac{1}{2}\cdot\frac{1}{1+\dfrac{x-1}{2}}-\frac{1}{3}\cdot\frac{1}{1+\dfrac{x-1}{3}},$$

因为 $\dfrac{1}{1+x}=1-x+x^2-\cdots+(-1)^nx^n+\cdots=\displaystyle\sum_{n=0}^{\infty}(-1)^nx^n(-1<x<1)$,

则

$$\frac{1}{1+\dfrac{x-1}{2}}=\sum_{n=0}^{\infty}(-1)^n\left(\frac{x-1}{2}\right)^n\left(-1<\frac{x-1}{2}<1\right),$$

$$\frac{1}{1+\dfrac{x-1}{3}}=\sum_{n=0}^{\infty}(-1)^n\left(\frac{x-1}{3}\right)^n\left(-1<\frac{x-1}{3}<1\right),$$

所以

$$f(x)=\frac{1}{2}\cdot\sum_{n=0}^{\infty}(-1)^n\left(\frac{x-1}{2}\right)^n-\frac{1}{3}\cdot\sum_{n=0}^{\infty}(-1)^n\left(\frac{x-1}{3}\right)^n$$

$$=\sum_{n=0}^{\infty}(-1)^n\left(\frac{1}{2^{n+1}}-\frac{1}{3^{n+1}}\right)(x-1)^n(-1<x<3).$$

练习 8.4

1. 将下列各式展成 x 的幂级数.

（1）$\dfrac{e^x + e^{-x}}{2}$；　　（2）$\dfrac{1}{x^2 + 4x - 12}$；　　（3）$x^2 e^{-x}$；

（4）$\sin^2 x$；　　（5）$\ln(a+x)\,(a>0)$；　　（6）$\dfrac{x}{\sqrt{1+x^2}}$.

2. 将下列各式展成 $(x-1)$ 的幂级数.

（1）$\ln x$；　　（2）$\dfrac{1}{x^2 + 4x - 12}$.

3. 将函数 $f(x) = \cos x$ 展开成 $\left(x + \dfrac{\pi}{3}\right)$ 的幂级数.

在本章,我们学习了常数项级数的概念、级数收敛的判别方法、函数项级数的收敛域及其和函数的求法,以及一元函数展开为无穷级数的方法.下章我们将研究微积分的另一个应用——微分方程与差分方程,学习基本概念以及一些特殊类型的微分方程和差分方程的求解方法.

本 章 小 结

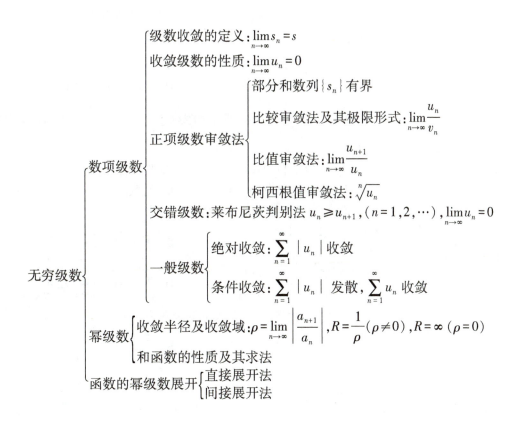

复习题 8

1.填空题.

(1) $\lim\limits_{n\to\infty}u_n=0$ 是级数 $\sum\limits_{n=1}^{\infty}u_n$ 收敛的_____条件,部分和数列 $\{s_n\}$ 有界是正项级数 $\sum\limits_{n=1}^{\infty}u_n$ 收敛的_____条件;

(2) 若级数 $\sum\limits_{n=1}^{\infty}u_n$ 绝对收敛,则级数 $\sum\limits_{n=1}^{\infty}u_n$ 必定_____;若级数 $\sum\limits_{n=1}^{\infty}u_n$ 条件收敛,则级数 $\sum\limits_{n=1}^{\infty}|u_n|$ 必定_____.

2.单项选择题.

(1) 若级数 $\sum\limits_{n=1}^{\infty}a_n$ 收敛,下列结论正确的是(　　).

A. $\sum\limits_{n=1}^{\infty}\dfrac{a_n}{n}$ 绝对收敛　　　　B. $\sum\limits_{n=1}^{\infty}a_n^2$ 收敛

C. $\sum\limits_{n=1}^{\infty}(a_n+a_{n+1})$ 收敛　　　　D. $\sum\limits_{n=1}^{\infty}(a_{2n-1}-a_{2n})$ 收敛

*(2) 若幂级数 $\sum\limits_{n=1}^{\infty}a_n(x-2)^n$ 在 $x=-2$ 处收敛,则该级数在 $x=2$ 处(　　).

A. 条件收敛　　　　　　　B. 绝对收敛

C. 发散　　　　　　　　　D. 敛散性无法确定

(3) 已知 $\lim\limits_{n\to\infty}a_n=a$,则对于级数 $\sum\limits_{n=1}^{\infty}(a_n-a_{n+1})$,以下结论成立的是(　　).

A. 收敛且和为 a_1　　　　B. 收敛且和为 $-a$

C. 收敛且和为 (a_1-a)　　D. 发散

(4) 下列级数中条件收敛的级数为(　　).

A. $\sum\limits_{n=1}^{\infty}\dfrac{(-1)^n}{n^2}$　　　　　　B. $\sum\limits_{n=1}^{\infty}(-1)^n\cos\dfrac{1}{n}$

C. $\sum\limits_{n=1}^{\infty}(-1)^n\dfrac{n+1}{3n^2+1}$　　D. $\sum\limits_{n=1}^{\infty}(-1)^n\dfrac{1}{n+1}\tan\dfrac{1}{n}$

(5) 下列级数中绝对收敛的级数为(　　).

A. $\sum\limits_{n=1}^{\infty}(-1)^n\dfrac{2^n}{2n}$　　　　　B. $\sum\limits_{n=1}^{\infty}(-1)^n\dfrac{n}{n+1}$

C. $\sum\limits_{n=1}^{\infty}(-1)^n\sin\dfrac{1}{n^2}$　　　D. $\sum\limits_{n=1}^{\infty}(-1)^n\dfrac{n}{2n^2+1}$

3. 判断下列级数的敛散性,若收敛则判断是绝对收敛还是条件收敛.

(1) $\displaystyle\sum_{n=1}^{\infty}\frac{n^n}{n!}$;　　　　　　(2) $\displaystyle\sum_{n=1}^{\infty}\left(\frac{1}{n}-\ln\frac{n+1}{n}\right)$;

(3) $\displaystyle\sum_{n=1}^{\infty}\frac{1}{n\sqrt[n]{n}}$;　　　　　　(4) $\displaystyle\sum_{n=1}^{\infty}\frac{(-1)^n}{n-\ln n}$;

(5) $\displaystyle\sum_{n=1}^{\infty}\frac{6^n}{7^n-5^n}$;　　　　　　(6) $\displaystyle\sum_{n=1}^{\infty}(-1)^n(\sqrt{n+1}-\sqrt{n})$;

(7) $\displaystyle\sum_{n=1}^{\infty}\frac{\cos n\pi}{\sqrt{n^3+\pi}}$;　　　　　　(8) $\displaystyle\sum_{n=1}^{\infty}\frac{\ln n}{n}$;

(9) $\displaystyle\sum_{n=1}^{\infty}\sin\left(n\pi+\frac{1}{\ln n}\right)$.

4. 判断下列级数的收敛域.

(1) $\displaystyle\sum_{n=1}^{\infty}(2n+1)x^{2n+1}$;　　　　　　(2) $\displaystyle\sum_{n=1}^{\infty}\frac{(-1)^n}{3^n\sqrt{n}}x^n$;

(3) $\displaystyle\sum_{n=1}^{\infty}\frac{2^n+3^n}{n}x^n$;　　　　　　(4) $\displaystyle\sum_{n=1}^{\infty}\frac{3^n+(-1)^n}{n}x^n$;

(5) $\displaystyle\sum_{n=1}^{\infty}(1+2+3+\cdots+n)x^n$;　　(6) $\displaystyle\sum_{n=1}^{\infty}(-1)^n\frac{n!}{n^n}x^n$;

(7) $\displaystyle\sum_{n=1}^{\infty}(\sqrt{n+1}-\sqrt{n})\cdot2^nx^{2n}$;　(8) $\displaystyle\sum_{n=1}^{\infty}n\cdot2^{\frac{n}{2}}x^{2n-1}$;

(9) $\displaystyle\sum_{n=1}^{\infty}\frac{(x-3)^n}{n^3}$;　　　　　　(10) $\displaystyle\sum_{n=1}^{\infty}\frac{(x-4)^n}{\sqrt{n}}$.

5. 指出下列幂级数的收敛区间与和函数.

(1) $\displaystyle\sum_{n=1}^{\infty}\frac{n}{n+1}x^n$;　　　　　　(2) $\displaystyle\sum_{n=1}^{\infty}(n+2)x^n$;

(3) $\displaystyle\sum_{n=1}^{\infty}(-1)^n\frac{2n-1}{n}x^{2n}$;　　　(4) $\displaystyle\sum_{n=1}^{\infty}\frac{n^2+1}{n}x^n$;

(5) $\displaystyle\sum_{n=1}^{\infty}n\cdot2^nx^{2n-1}$;　　　　　(6) $\displaystyle\sum_{n=1}^{\infty}\frac{n}{2^n}x^{2n}$;

(7) $\displaystyle\sum_{n=1}^{\infty}\frac{(x+2)^n}{n\cdot3^n}$;　　　　　(8) $\displaystyle\sum_{n=1}^{\infty}\frac{(-1)^{n-1}}{n(2n-1)}x^{2n+1}$.

6. 求下列级数的和.

(1) $\displaystyle\sum_{n=1}^{\infty}\frac{2n-1}{2^n}$;　　　　　　(2) $\displaystyle\sum_{n=1}^{\infty}\frac{1}{2n\cdot4^n}$;

(3) $\displaystyle\sum_{n=1}^{\infty}\frac{n}{2^n}$;　　　　　　(4) $\displaystyle\sum_{n=1}^{\infty}\frac{n^2+1}{n\cdot3^n}$;

(5) $\displaystyle\sum_{n=1}^{\infty}\frac{1}{n\cdot3^n}$.

7. 将下列函数展成 x_0 处的幂级数.

（1）$f(x)=\ln(4-3x-x^2)$，$x_0=0$；

（2）$f(x)=x\arctan x$，$x_0=0$；

（3）$f(x)=\dfrac{3}{2-x-x^2}$，$x_0=0$；

（4）$f(x)=x^3 e^{-x}$，$x_0=0$；

（5）$f(x)=\dfrac{1}{x^2-2x-3}$，$x_0=-2$；

（6）$f(x)=\ln x$，$x_0=3$.

【阅读8】

西方数学家简介

在16世纪末,文艺复兴运动使西方世界进入了崭新的时代,数学和物理学科开始蓬勃发展,微积分开始了其萌芽阶段.太阳系内行星运动的三大定律由开普勒总结出来,但是并没有得到数学证明.因此,数学家们开始致力于用数学知识去推导开普勒三大定律,这也使得三大定律成为当时最为火热的课题之一.

自从文艺复兴以来,科学逐渐迈入以"综合与突破"为特点的新阶段,数学也面临新的挑战.数学家们关注的不再是直观的静态几何数学问题,而是转向抽象的、动态的问题.这一转变加快了人们认识微积分的脚步,大家开始将目光转移到以下方面:物理方面主要有瞬时速度问题、引力问题等,数学方面主要有切线问题、面积、体积问题等.针对这些问题,在17世纪到18世纪间,每位科学家都在不断地尝试,想要找到一种更好的数学工具,为此,他们呕心沥血,绞尽脑汁.除此之外,数学家们在其他运动与变化的问题上更是投入了大量的精力,力图找到无穷小方法.

其实古希腊数学家对无穷小分析有所思考,但对无穷的恐惧,使得他们在通往无穷小分析的道路上艰难前行,一直无法突破.但是到了17世纪,此时的数学家们不再被对无穷的恐惧支配,无穷的思想逐渐进入数学家的思维中.

1637年,笛卡儿在研究圆和光的折射时提出了法线的构造方法,切线的构造也开始呈现在人们的面前.牛顿通过研究笛卡儿圆法走上了微积分这条路.

费马,并不是一名专业的数学家,而是对数学比较有兴趣的业余数学家,但他的成就却不可小觑.他在研究曲边梯形的面积时,利用了矩形长条分割曲边梯形并求和.他的这一解题思路已经很接近现在微积分所用的方法,但是或许由于业余数学家的心态与做事风格,他没能够更进一步.不止如此,他在研究极大、极小方面上也做出了很大的贡献.其实,如果费马对求切线与求面积的结果再用心思考一下,或许就会更早地发现微积分了.

1635年,卡瓦列里在《用新方法促进的连续不可分量的几何学》中,提出了线、面、体的不可分量原理,我们称之为卡瓦列里原理,即用无穷小方法计算物体的面积和体积.这本书一经出版,便成为了数学家们的新宠,在研究无穷小问题上被很多数学家引用.他在不可分量方面的研究不止如此,1639年,他用不可分量原理建立了等价于 $\displaystyle\int_0^a x\,\mathrm{d}x=\dfrac{1}{2}a^2$ 的积分公式.

巴罗,当时一直处于微积分研究的前沿,是名副其实的微积分先驱者.1664年,他收到了剑桥大学的邀请,担任第一任卢卡斯教授,之后牛顿在 1669 年接任了这一职务.他在《几何讲义》一书中,认识到"特征三角形"或"微分三角形",对于求切线是很重要的概念.此时,微积分基本定理的重要部分已经被发现.

沃利斯,英国的数学家、物理学家,在他之前,圆锥曲线从未被看作二次曲线,他是第一位这样研究的人,也是在牛顿和莱布尼茨之前对微积分贡献最大的数学家,他的数学造诣在当时可谓登峰造极.在 1656 年,他出版了《无穷算术》,这本书的内容为牛顿创造微积分开辟了道路.

泰勒是牛顿学派的代表性人物之一,知名度很高,他的一生有许多荣誉加身.泰勒公式是数学里常用的公式,它的主要作用是用函数在某一点的信息来描述它附近的值.如果函数足够平滑,在已知函数在某一点的各阶导数值的情况之下,泰勒公式可以用这些导数值作系数构建一个多项式来近似函数在这一点的邻域中的值.不仅如此,多项式与实际的函数值之间的偏差也能够用泰勒公式进行表示.

泰勒公式在微积分中有十分重要的作用,它可以将函数展开为无穷级数,并因此闻名于世.尽管该定理很早就已经被提出,但似乎很少有数学家对此感兴趣,所以泰勒公式的价值一直没有被挖掘,它就这样被数学家们冷落一旁.直到半个世纪以后,拉格朗日发现这个被埋没许久的公式的重要性,他把泰勒公式看作是微积分的基本定理,但是他却不能给出严格的证明.后来柯西用中值定理用来解决泰勒公式中余项的问题,证明问题才得以解决.

第 9 章
微分方程与差分方程

在自然科学、经济管理科学等学科中,往往需要研究发展过程的变化规律,而这些规律恰恰可以用函数的导数(微分)或差分进行描述,这种含有导数或差分的关系就是微分方程或差分方程.

本章主要讨论微分方程与差分方程,前几节给出微分方程的基本概念,并讨论了一阶微分方程和二阶微分方程的基本解法;最后两节介绍了差分方程的基本概念和一阶常系数线性差分方程的基本解法.

9.1 微分方程的基本概念

微分方程的基本概念

预备知识:导数的运算法则、求导的基本公式;导数的物理意义可以表示为物体运动的速度,导数的几何意义可以表示为曲线上一个点处的斜率;不定积分的换元积分方法.

【例 9.1.1】(几何问题) 已知一曲线通过点 $(2,0)$,且在曲线上任意点 $P(x,y)$ 处切线的斜率为该点横坐标的 2 倍,求该曲线方程.

分析:这是一个根据导数的几何意义,建立含有导数的方程问题.

解:设曲线方程为 $y=f(x)$,根据导数的几何意义,有

$$\frac{\mathrm{d}y}{\mathrm{d}x}=2x. \tag{9.1}$$

未知曲线 $y=f(x)$ 还满足以下条件:

$$x=2 \text{ 时},y=0. \tag{9.2}$$

显然 $y=x^2+C$ 满足等式(9.1),其中 C 是任意常数.

把式(9.2)代入 $y=x^2+C$ 得 $0=4+C$,解得 $C=-4$,则曲线方程为

$$y=x^2-4. \tag{9.3}$$

【例 9.1.2】(物理问题) 一质量为 m 的物体自高度为 h 处做自由落体运动,求下落距离和时间的关系.

分析:这是一个根据导数的物理意义,建立含有导数的方程问题.

解:设物体在下落过程中距离和时间的函数关系为 $s=s(t)$,根

据导数的物理意义,在不计空气阻力的情况下,自由落体的加速度为 g,有

$$\frac{\mathrm{d}^2 s}{\mathrm{d}t^2} = g. \tag{9.4}$$

满足的条件为

$$t = 0 \text{ 时}, s = 0, v = \frac{\mathrm{d}s}{\mathrm{d}t} = 0. \tag{9.5}$$

显然

$$s = \frac{1}{2}gt^2 + C_1 t + C_2 \tag{9.6}$$

满足等式(9.4),其中 C_1, C_2 为任意常数.

将条件(9.5)代入方程(9.6)与 $\frac{\mathrm{d}s}{\mathrm{d}t} = gt + C_1$,得 $C_1 = C_2 = 0$.所以距离和时间的关系为

$$s = \frac{1}{2}gt^2. \tag{9.7}$$

【例 9.1.3】(流言蜚语传播问题)　在某地区人口总数为 N,设 t 时刻已经知道流言的人数为 $p(t)$,流言传播的速度与已经知道流言的人数和还未知道流言的人数之积成正比,比例常数为 $k(k>0)$,于是得到

$$\frac{\mathrm{d}p}{\mathrm{d}t} = kp(N-p). \tag{9.8}$$

上面例题中方程(9.1),(9.4)和(9.8)都含有未知函数的导数,它们都是微分方程.

> **定义 9.1**　含有未知函数及未知函数的导数的方程称为微分方程.

在微分方程中,如果未知函数是一元函数,那么称为常微分方程;否则称为偏微分方程.例如上面的方程(9.1),(9.4)和(9.8)都是常微分方程,而 $\frac{\partial^2 u}{\partial x^2} + \frac{\partial^2 u}{\partial y^2} + \frac{\partial^2 u}{\partial z^2} = 0$ 是偏微分方程.

> **定义 9.2**　微分方程中所含有的未知函数的最高阶导数称为微分方程的阶.

由定义知道,方程(9.1)和方程(9.8)是一阶常微分方程,方程(9.4)是二阶常微分方程,而 $\frac{\partial^2 u}{\partial x^2} + \frac{\partial^2 u}{\partial y^2} + \frac{\partial^2 u}{\partial z^2} = 0$ 是二阶偏微分方程.

本书仅讨论常微分方程,也可以简称为微分方程或方程.

n 阶微分方程的一般形式为

$$F(x, y, y', y'', \cdots, y^{(n)}) = 0. \tag{9.9}$$

方程(9.9)必须包含 $y^{(n)}$,而不必包含 $x, y, y', y'', \cdots, y^{(n-1)}$,如 n 阶微

分方程

$$y^{(n)} = x.$$

我们可以把方程(9.9)改写成

$$y^{(n)} = f(x, y, y', y'', \cdots, y^{(n-1)}),$$

其中右端为连续函数.

如果函数 $F(x, y, y', y'', \cdots, y^{(n)})$ 为 $y, y', y'', \cdots, y^{(n)}$ 的线性函数,则称方程(9.9)为 n 阶线性微分方程,其形式为

$$y^{(n)} + a_1(x) y^{(n-1)} + a_2(x) y^{(n-2)} + \cdots + a_{n-1}(x) y' + a_n(x) y = f(x),$$

其中,$a_1(x), a_2(x), \cdots, a_{n-1}(x), a_n(x)$ 是已知函数;否则称方程(9.9)为非线性微分方程.

显然,方程(9.1),(9.4)都是线性微分方程;而方程 $\dfrac{d^2 y}{dx^2} + x\left(\dfrac{dy}{dx}\right)^2 = \sin y$ 为二阶非线性微分方程.

> **定义 9.3**　如果将已知函数代入微分方程,使方程两端成为恒等式,则称该函数为微分方程的解.若方程的解中含有的任意 n 个相互独立的常数,常数的个数等于微分方程的阶数 n,则称其为微分方程的通解,不含有任意常数的方程的解称为微分方程的特解.

例如,式(9.6)是微分方程(9.4)的通解,式(9.3)是微分方程(9.1)的特解,式(9.7)是微分方程(9.4)的特解.

所谓相互独立的常数,是指它们的个数不能通过加、减、乘、除等运算发生变化,确定方程通解中任意常数值的条件称为定解条件或初始条件,求微分方程满足某个定解条件的特解问题,称为微分方程的定解问题或初值问题.

一般地,一阶微分方程 $y' = f(x, y)$ 的定解条件为

$$x = x_0 \text{ 时}, y = y_0,$$

或写成

$$y \big|_{x = x_0} = y_0,$$

其中 x_0, y_0 是已知常数.

二阶微分方程 $y'' = f(x, y, y')$ 的定解条件为

$$x = x_0 \text{ 时}, y = y_0, y' = y_0',$$

或写成

$$y \big|_{x = x_0} = y_0, y' \big|_{x = x_0} = y_0',$$

其中 x_0, y_0, y_0' 是已知常数.

注:通解中未必包含方程的全部解,例如,$y = \sin(x + C)$ 是方程 $y' = \sqrt{1 - y^2}$ 的通解,同时 $y = 1$ 也是方程的解,显然不是满足某个条件的特解,即 $y = 1$ 不包含在通解中,$y = 1$ 称为方程的一个奇解,本章只讨论方程的通解和特解.

【例 9.1.4】 验证 $y=\sin 2x, y=\cos 2x$ 是方程 $\dfrac{\mathrm{d}^2 y}{\mathrm{d}x^2}+4y=0$ 的解.

分析:本题根据方程通解的定义,把 $y=\sin 2x, y=\cos 2x$ 代入方程,使得左右两边相等即可.

证明:由 $y=\sin 2x$,求导得 $y'=2\cos 2x, y''=-4\sin 2x$,满足

$$\dfrac{\mathrm{d}^2 y}{\mathrm{d}x^2}+4y=0,$$

即 $y=\sin 2x$ 是方程的解.同理可得 $y=\cos 2x$ 也是方程的解.

【例 9.1.5】 验证 $y=(C_1+C_2 x)\mathrm{e}^{-x}$ 是方程 $y''+2y'+y=0$ 的通解,并求满足条件 $y\mid_{x=0}=2, y'\mid_{x=0}=-2$ 的特解.

分析:本题根据方程特解的定义,把 $y=(C_1+C_2 x)\mathrm{e}^{-x}$ 代入方程,使得左右两边相等即可,然后把 $y\mid_{x=0}=2, y'\mid_{x=0}=-2$ 代入通解中求解即可得到特解.

证明:对等式

$$y=(C_1+C_2 x)\mathrm{e}^{-x}, \tag{9.10}$$

两边求导得

$$y'=(C_2-C_1-C_2 x)\mathrm{e}^{-x}, \tag{9.11}$$

再一次求导得

$$y''=(C_1-2C_2+C_2 x)\mathrm{e}^{-x}, \tag{9.12}$$

把式(9.10),式(9.11)和式(9.12)代入方程,则有

$$y''+2y'+y=\left[(C_1+C_2 x)+2(C_2-C_1-C_2 x)+(C_1-2C_2+C_2 x)\right]\mathrm{e}^{-x}=0.$$

即 $y=(C_1+C_2 x)\mathrm{e}^{-x}$ 是方程 $y''+2y'+y=0$ 的通解.

把条件"$y\mid_{x=0}=2$"代入 $y=(C_1+C_2 x)\mathrm{e}^{-x}$ 中得 $C_1=2$,把条件"$y'\mid_{x=0}=-2$"代入 $y'=(C_2-C_1-C_2 x)\mathrm{e}^{-x}$ 中得 $C_2=0$,则原方程的特解为 $y=2\mathrm{e}^{-x}$.

本节主要介绍了微分方程的例子及定义,这些例子与定义的本质是利用导数的物理意义和几何意义,即用变化率解决问题.现在的问题是,对根据实际问题得到的微分方程,怎样进行求解,求解微分方程有哪些通用的解法呢?

练习 9.1

1. 指出下列方程的阶数.

(1) $xy''+3y'+y\sin x=0$;　　(2) $(7x-2y)\mathrm{d}x+(2x-11y)\mathrm{d}y=0$;

(3) $x(y')^2+y=0$;　　(4) $y^{(4)}+x=0$.

2. 判断下列方程是否为线性方程.

(1) $y'=x^2-y$;　　(2) $(y')^2+\sin x=0$;

(3) $y''=\sin x$.

3. 验证下列函数是否是方程的解.

(1) $y = (x^2 + c)\sin x, y' - y\cot x - 2x\sin x = 0$;

(2) $y = x^2 + x, y'' - \dfrac{2}{x}y' + \dfrac{y}{x^2} = 0$;

(3) $y = cx^{-2}, xy' + 2y = 0$.

4. 验证 $y = C_1\mathrm{e}^{2x} + C_2\mathrm{e}^{-4x}$ 是方程 $y'' + 2y' - 8y = 0$ 的通解, 并求满足条件 $y\big|_{x=0} = 2, y'\big|_{x=0} = 2$ 的特解.

9.2　可分离变量的微分方程

📖 可分离变量的微分方程的定义与求解步骤

📖 可分离变量的微分方程

预备知识: 微分方程的定义 $y^{(n)} = f(x, y, y', y'', \cdots, y^{(n-1)})$; 求导运算方法; 积分的基本运算 $\displaystyle\int \dfrac{\mathrm{d}y}{g(y)} = \int f(x)\mathrm{d}x$.

在微分方程中, 可分离变量的微分方程具有比较简单的形式, 其求解方法比较简单, 因此本节从可分离变量的微分方程进行讨论.

形如

$$y' = f(x)g(y) \tag{9.13}$$

的一阶微分方程, 称为**可分离变量的微分方程**, 其中 $f(x), g(y)$ 是已知的函数.

方程(9.13)的解题步骤如下:

第一步: 把方程左右两边分离变量

$$\dfrac{\mathrm{d}y}{g(y)} = f(x)\mathrm{d}x, g(y) \ne 0.$$

第二步: 根据一阶微分形式的不变性, 对两端分别积分

$$\int \dfrac{\mathrm{d}y}{g(y)} = \int f(x)\mathrm{d}x,$$

则可以得到方程的通解.

注: 如果存在 $y = y_0$ 使得 $g(y_0) = 0$, 则 $y = y_0$ 也是方程的解. 这种求解微分方程的方法为可分离变量法.

【例 9.2.1】　求微分方程 $y' = 2xy$ 的通解.

分析: 本题根据可分离变量法求解微分方程, 先进行左右两边变量分离, 然后两边积分就可得到方程的解.

解: 方程为可分离变量方程, 分离变量得

$$\dfrac{\mathrm{d}y}{y} = 2x\mathrm{d}x.$$

▶ 例 9.2.1

对方程左右两边积分　$\displaystyle\int \dfrac{\mathrm{d}y}{y} = \int 2x\mathrm{d}x$,

得

$$\ln|y| = x^2 + C_1,$$

整理得

$$y = \pm e^{x^2 + C_1} = Ce^{x^2}\,(C = \pm e^{C_1}).$$

可以验证 $y = 0$ 也是方程的解,在上式中令 $C = 0$ 可以得到 $y = 0$,所以方程的通解为 $y = Ce^{x^2}$.

【例 9.2.2】 求微分方程 $x\mathrm{d}y + y\mathrm{d}x = 0$ 的通解.

分析:本题应用可分离变量法即可求解微分方程.

解:方程为可分离变量方程,分离变量得

$$\frac{\mathrm{d}y}{y} = -\frac{\mathrm{d}x}{x}.$$

对方程左右两端积分

$$\int\frac{\mathrm{d}y}{y} = -\int\frac{\mathrm{d}x}{x},$$

得

$$\ln|y| = -\ln|x| + \ln C,$$

因此

$$xy = C.$$

$y = 0$ 也是方程的解,在上式中令 $C = 0$ 可以得到 $y = 0$,所以方程的通解为 $xy = C$.

【例 9.2.3】 求微分方程 $\mathrm{d}y = (1 + y^2)\mathrm{d}x$ 满足条件 $x = \dfrac{\pi}{4}$,$y = 1$ 的特解.

分析:本题应用分离变量的方法即可求解微分方程的通解,然后把条件"$x = \dfrac{\pi}{4}$,$y = 1$"代入通解就可以得到特解.

▶▎ 例 9.2.3

解:方程为可分离变量方程,分离变量得

$$\frac{\mathrm{d}y}{1 + y^2} = \mathrm{d}x.$$

两端积分

$$\int\frac{\mathrm{d}y}{1 + y^2} = \int\mathrm{d}x,$$

得方程的通解

$$\arctan y = x + C.$$

把条件"$x = \dfrac{\pi}{4}$,$y = 1$"代入方程得 $C = 0$,所以方程的特解为 $y = \tan x$.

【例 9.2.4】 求微分方程 $y' = \dfrac{e^x}{y}$ 的通解.

分析:本题应用可分离变量法即可求解微分方程的通解.

解:方程为可分离变量方程,分离变量得

$$y\mathrm{d}y = e^x\mathrm{d}x.$$

▶▎ 例 9.2.4

方程左右两端积分

$$\int y \mathrm{d}y = \int \mathrm{e}^x \mathrm{d}x,$$

得方程的通解为

$$\frac{1}{2}y^2 = \mathrm{e}^x + C.$$

*【例 9.2.5】 某公司 t 年净资产有 $Q(t)$（百万元），并且资产本身以每年 5% 的速度连续增长，同时该公司每年要以 30 百万元的数额连续支付职工工资.

（1）给出描述净资产 $Q(t)$ 的微分方程；

（2）求解方程，假设初始净资产为 Q_0；

（3）讨论在 $Q_0 = 500$，$Q_0 = 600$，$Q_0 = 700$ 三种情况下，$Q(t)$ 变化的特点.

分析：本题使用一阶齐次线性微分方程的可分离变量法即可求解，并根据微分方程的解解决相关问题.

解：由净资产增长速度 = 资产本身增长速度 − 职工工资支付速度，得到所求微分方程

$$\frac{\mathrm{d}Q(t)}{\mathrm{d}t} = 0.05Q - 30.$$

分离变量得

$$\frac{\mathrm{d}Q(t)}{0.05Q - 30} = \mathrm{d}t.$$

两边积分得

$$\ln|Q - 600| = 0.05t + \ln C_1 \quad (C_1 \text{ 为正常数}),$$

于是

$$|Q - 600| = C_1 \mathrm{e}^{0.05t},$$

或

$$Q - 600 = C \mathrm{e}^{0.05t}(C = \pm C_1).$$

将 $t = 0$ 时，$Q = Q_0$ 代入，得方程特解：

$$Q = 600 + (Q_0 - 600)\mathrm{e}^{0.05t}$$

在上述推导过程中 $Q \neq 600$，但当 $Q = 600$ 时，$\dfrac{\mathrm{d}Q(t)}{\mathrm{d}t} = 0$，仍包含在通解表达式中.

由通解表达式可知，当 $Q_0 = 500$ 时，净资产额单调递减，公司将在第 36 年破产；当 $Q_0 = 600$ 时，公司将收支平衡，资产将保持在 6 亿元不变；当 $Q_0 = 700$ 时，公司净资产将按指数形式不断增大.

本节主要给出了可分离变量的一阶微分方程的定义及其解法，这一解法是一阶线性微分方程的基本解法，齐次方程以及其他一阶线性微分方程就是在这基础上进行求解的.那么齐次微分方程与其他一阶线性微分方程怎样进行求解，求解又有哪些通用的解法呢？

练习 9.2

1. 求下列方程的通解.

（1）$3x^2+5x=5y'$；

（2）$\sqrt{1-y^2}=\sqrt{1-x^2}\,y'$；

（3）$y'=2^{x+y}$；

（4）$\cos x\sin y\,dx=\sin x\cos y\,dy$；

（5）$y'=y^2\cos x$；

2. 求以下方程的特解.

（1）$y'=2xy,y(0)=1$；

（2）$y'=e^{2x-y},y(0)=0$.

9.3　齐　次　方　程

预备知识：求解微分方程的分离变量法 $\dfrac{dy}{g(y)}=f(x)\,dx,g(y)\neq$

0；可分离变量微分方程的解法 $\displaystyle\int\dfrac{dy}{g(y)}=\int f(x)\,dx$.

齐次方程的求解方法

本节主要介绍一种特殊类型的微分方程的解法.

形如

$$y'=f\left(\frac{y}{x}\right) \tag{9.14}$$

的一阶微分方程,称为**一阶齐次微分方程**,简称为**齐次方程**,其中 f 是已知的函数.

齐次方程

例如：

$$y'=\ln\left(\frac{y}{x}\right)^2+\frac{y}{x};$$

$$y'=\frac{y}{x}+\tan\frac{y}{x};$$

$$\frac{dy}{dx}=\frac{x^2-y^2}{xy+x^2}.$$

都是齐次方程.

齐次方程的解题思路：利用变量代换,把齐次方程化为可分离变量方程.方程（9.14）的解题步骤如下：

第一步：设 $u=\dfrac{y}{x}$,则

$$y=ux,\frac{dy}{dx}=u+x\frac{du}{dx}.$$

把 $y,\dfrac{dy}{dx}$ 代入方程（9.14）,有

$$u + x\frac{\mathrm{d}u}{\mathrm{d}x} = f(u).$$

第二步:分离变量

$$\frac{\mathrm{d}u}{f(u) - u} = \frac{\mathrm{d}x}{x}.$$

第三步:根据一阶微分形式的不变性,对两端分别积分

$$\int \frac{\mathrm{d}u}{f(u) - u} = \int \frac{\mathrm{d}x}{x}.$$

第四步:代回变量 $u = \dfrac{y}{x}$,则得到方程(9.14)的通解.

【例 9.3.1】 求微分方程 $y' = \dfrac{y}{x} + \tan\dfrac{y}{x}$ 的通解.

分析:经过观察,原式属于齐次方程,令 $u = \dfrac{y}{x}$ 可以求解.

解:方程为齐次方程,设 $u = \dfrac{y}{x}$,则

$$y = ux, \quad \frac{\mathrm{d}y}{\mathrm{d}x} = u + x\frac{\mathrm{d}u}{\mathrm{d}x}.$$

原方程化为
$$u + x\frac{\mathrm{d}u}{\mathrm{d}x} = u + \tan u,$$

即
$$x\frac{\mathrm{d}u}{\mathrm{d}x} = \tan u.$$

分离变量得
$$\frac{\cos u\, \mathrm{d}u}{\sin u} = \frac{\mathrm{d}x}{x}.$$

对两端积分
$$\int \frac{\cos u\, \mathrm{d}u}{\sin u} = \int \frac{\mathrm{d}x}{x},$$

得
$$\ln|\sin u| = \ln|x| + \ln|C|,$$
或者
$$\sin u = Cx.$$

把 $u = \dfrac{y}{x}$ 代回,得方程的通解为　$\sin\dfrac{y}{x} = Cx.$

【例 9.3.2】 求微分方程 $x\dfrac{\mathrm{d}y}{\mathrm{d}x} = y\ln\dfrac{y}{x}$ 的通解.

分析:同上题,经过观察,原式属于齐次方程,令 $u = \dfrac{y}{x}$ 可以求解.

解:方程为齐次方程,设 $u = \dfrac{y}{x}$,则

$$y = ux, \quad \frac{\mathrm{d}y}{\mathrm{d}x} = u + x\frac{\mathrm{d}u}{\mathrm{d}x}.$$

原方程化为

$$\frac{\mathrm{d}y}{\mathrm{d}x} = \frac{y}{x}\ln\frac{y}{x},$$

例 9.3.2

原方程化为
$$u+x\frac{\mathrm{d}u}{\mathrm{d}x}=u\ln u,$$

即
$$x\frac{\mathrm{d}u}{\mathrm{d}x}=u(\ln u-1).$$

分离变量得
$$\frac{1}{u(\ln u-1)}\mathrm{d}u=\frac{1}{x}\mathrm{d}x.$$

两端积分
$$\int\frac{1}{u(\ln u-1)}\mathrm{d}u=\int\frac{1}{x}\mathrm{d}x.$$

得
$$\ln|\ln u-1|=\ln|x|+C_1,$$
$$|\ln u-1|=\mathrm{e}^{C_1}|x|,$$

令 $C=\pm\mathrm{e}^{C_1}$, 即
$$\ln u=Cx+1,$$

把 $u=\dfrac{y}{x}$ 代回, 得方程的通解为
$$\ln\frac{y}{x}=Cx+1.$$

实际计算中, 经常会遇到方程右侧是类似 "$\dfrac{ax^n+by^n}{cx^{n-m}y^m}$" 的分式形式, 经过变形本质上也是齐次方程.

【例 9.3.3】　求微分方程 $y'=\dfrac{y^2}{xy-x^2}$ 的通解.

分析: 分子、分母同除以 x^2, 化为齐次方程, 令 $u=\dfrac{y}{x}$ 可以求解.

▶ 例 9.3.3

解: 方程变形为
$$y'=\frac{\left(\dfrac{y}{x}\right)^2}{\dfrac{y}{x}-1}.$$

方程为齐次方程, 设 $u=\dfrac{y}{x}$, 则 $y=ux,\dfrac{\mathrm{d}y}{\mathrm{d}x}=u+x\dfrac{\mathrm{d}u}{\mathrm{d}x}$ 原方程化为

$u+x\dfrac{\mathrm{d}u}{\mathrm{d}x}=\dfrac{u^2}{u-1}$, 即
$$x\frac{\mathrm{d}u}{\mathrm{d}x}=\frac{u}{u-1}.$$

分离变量得
$$\left(1-\frac{1}{u}\right)\mathrm{d}u=\frac{\mathrm{d}x}{x}.$$

两端积分

$$\int\left(1-\frac{1}{u}\right)\mathrm{d}u=\int\frac{\mathrm{d}x}{x},$$

得

$$u-\ln|u|=\ln|x|+\ln|C|,$$

或者

$$ux=Ce^{u}.$$

把 $u=\dfrac{y}{x}$ 代回,得方程的通解为 $y=Ce^{\frac{y}{x}}$.

【例9.3.4】 求解方程 $\dfrac{\mathrm{d}y}{\mathrm{d}x}=\dfrac{y-2\sqrt{xy}}{x}(x<0)$.

分析:分子、分母同除以 x,化为齐次方程,令 $u=\dfrac{y}{x}$ 可以求解.

解:方程改写为齐次方程

$$\frac{\mathrm{d}y}{\mathrm{d}x}=2\sqrt{\frac{y}{x}}+\frac{y}{x}(x<0).$$

设 $u=\dfrac{y}{x}$,则

$$y=ux,\frac{\mathrm{d}y}{\mathrm{d}x}=u+x\,\frac{\mathrm{d}u}{\mathrm{d}x}.$$

原方程化为

$$x\,\frac{\mathrm{d}u}{\mathrm{d}x}=2\sqrt{u},$$

分离变量得

$$\frac{1}{2\sqrt{u}}\mathrm{d}u=\frac{1}{x}\mathrm{d}x.$$

两端积分

$$\sqrt{u}=\ln(-x)+C(x<0).$$

即当 $\ln(-x)+C>0$ 时,

$$u=\left[\ln(-x)+C\right]^{2},$$

此外,方程还有解

$$u=0,$$

把 $u=\dfrac{y}{x}$ 代回,得方程的通解为

$$y=x\left[\ln(-x)+C\right]^{2},\ln(-x)+C>0,$$

求齐次方程的初值问题也采用同样的方法.

【例9.3.5】 求下面初值问题的解:

$$\left(y+\sqrt{x^{2}+y^{2}}\right)\mathrm{d}x=x\mathrm{d}y,y(1)=0.$$

分析:等式两边同除以 x,利用齐次方程的解法求解.

解:方程改写为齐次方程

▶ 例9.3.5

$$\frac{\mathrm{d}y}{\mathrm{d}x} = \frac{y + \sqrt{x^2 + y^2}}{x}.$$

设 $u = \dfrac{y}{x}$，则

$$y = ux, \frac{\mathrm{d}y}{\mathrm{d}x} = u + x\frac{\mathrm{d}u}{\mathrm{d}x}.$$

原方程化为

$$x\frac{\mathrm{d}u}{\mathrm{d}x} = \sqrt{1 + u^2},$$

分离变量得

$$\frac{1}{\sqrt{1 + u^2}}\mathrm{d}u = \frac{1}{x}\mathrm{d}x.$$

两端积分

$$\ln|u + \sqrt{1 + u^2}| = \ln|x| + \ln|C|.$$

将 $u = \dfrac{y}{x}$ 代入，整理得

$$\frac{y}{x} + \sqrt{1 + \frac{y^2}{x^2}} = Cx.$$

最后，利用初值条件 $y(1) = 0$，解出 $C = 1$ 代入上式得方程的解为

$$y = \frac{1}{2}(x^2 - 1).$$

当方程的右端是线性分式函数时，也可以把它设法化为齐次方程来求解.

*【例 9.3.6】　求方程

$$\frac{\mathrm{d}y}{\mathrm{d}x} = \frac{x + y - 1}{x - y + 3}$$

的通解.

分析：此问题的难点在于方程右端函数不是齐次的，其分子、分母都含有常数，可以采用坐标平移的方法消去常数，然后化为齐次方程求解.

解：令 $x = u - 1, y = v + 2$. 代入方程改写为关于新变量的齐次方程，

$$\frac{\mathrm{d}v}{\mathrm{d}u} = \frac{u + v}{u - v}.$$

设 $v = uz$，则

$$u\frac{\mathrm{d}z}{\mathrm{d}u} = \frac{1 + z^2}{1 - z},$$

分离变量得

$$\frac{(1 - z)\mathrm{d}z}{1 + z^2} = \frac{\mathrm{d}u}{u},$$

两端积分

$$\arctan z - \frac{1}{2}\ln(1+z^2) = \ln|u| + C.$$

将变量逐个还原，整理得原方程的通解为

$$\arctan\frac{y-2}{x+1} = \ln\sqrt{(x+1)^2 + (y-2)^2} + C.$$

本节主要介绍了齐次方程的形式及解法，该解法的本质是利用换元法将微分方程转化为可分离变量的方程，然后利用已学知识求解，需要注意的是，在计算过程中，我们要更加细心，否则容易出现错误。除本节所述特殊类型以外，对于一般的一阶微分方程，还有哪些通用的解法呢？

练习 9.3

1.求下列方程的通解.

（1）$(x^2+y^2)\,\mathrm{d}x = xy\,\mathrm{d}y$；　　　　（2）$xy'-y = \sqrt{y^2-x^2}$；

（3）$(y+x)\,\mathrm{d}y + (x-y)\,\mathrm{d}x = 0$；　（4）$x(\ln x - \ln y)\,\mathrm{d}y - y\,\mathrm{d}x = 0$；

（5）$x\dfrac{\mathrm{d}y}{\mathrm{d}x} - y + \sqrt{x^2-y^2} = 0$；

（6）$\left(2x\sin\dfrac{y}{x} + 3y\cos\dfrac{y}{x}\right)\mathrm{d}x - 3x\cos\dfrac{y}{x}\mathrm{d}y = 0$.

2.求下列齐次方程满足初值条件的特解.

（1）$y' = \dfrac{x}{y} + \dfrac{y}{x}$，$y\big|_{x=1} = 2$；

（2）$(x^2+2xy-y^2)\,\mathrm{d}x + (y^2+2xy-x^2)\,\mathrm{d}y = 0$，$x=1$，$y=1$.

9.4　一阶线性微分方程

常数变易法

一阶线性微分方程

预备知识：可分离变量的微分方程以及齐次方程的解法；微分方程特解的求解方法.

9.4.1　一阶线性微分方程的定义

形如

$$y' + P(x)y = Q(x) \tag{9.15}$$

的方程称为**一阶线性微分方程**.

如果 $Q(x) \neq 0$，称方程（9.15）为**一阶非齐次线性方程**；

如果 $Q(x) = 0$，方程

$$y' + P(x)y = 0 \tag{9.16}$$

称为**一阶齐次线性方程**.

本节主要讨论一阶微分方程的解法,重点是利用常数变易法求解一阶非齐次线性方程.

9.4.2　一阶线性微分方程的解法

解题思路:利用常数变易法,把一阶线性微分方程对应的齐次方程的通解中的任意常数变易成函数,具体步骤如下.

1. 利用分离变量法,解一阶线性方程所对应的齐次方程(9.16)的通解.

先分离变量

$$\frac{\mathrm{d}y}{y} = -P(x)\,\mathrm{d}x.$$

两端积分得通解为

$$y = C\mathrm{e}^{-\int P(x)\mathrm{d}x}. \tag{9.17}$$

2. 利用常数变易法,把通解(9.17)中的任意常数 C 变易成未知函数 $C(x)$,即做变换

$$y = C(x)\,\mathrm{e}^{-\int P(x)\mathrm{d}x}. \tag{9.18}$$

将其求导得

$$\frac{\mathrm{d}y}{\mathrm{d}x} = C'(x)\,\mathrm{e}^{-\int P(x)\mathrm{d}x} - C(x)P(x)\,\mathrm{e}^{-\int P(x)\mathrm{d}x}. \tag{9.19}$$

把式(9.18)和式(9.19)代入原方程(9.15)得

$$C'(x)\,\mathrm{e}^{-\int P(x)\mathrm{d}x} - C(x)P(x)\,\mathrm{e}^{-\int P(x)\mathrm{d}x} + P(x)C(x)\,\mathrm{e}^{-\int P(x)\mathrm{d}x} = Q(x).$$

整理得

$$C'(x)\,\mathrm{e}^{-\int P(x)\mathrm{d}x} = Q(x).$$

分离变量,两端积分得

$$C(x) = \int Q(x)\,\mathrm{e}^{\int P(x)\mathrm{d}x}\mathrm{d}x + C.$$

3. 将 $C(x)$ 代入式(9.18)中,得非齐次线性微分方程(9.15)的通解为

$$y = \mathrm{e}^{-\int P(x)\mathrm{d}x}\left(\int Q(x)\,\mathrm{e}^{\int P(x)\mathrm{d}x}\mathrm{d}x + C\right). \tag{9.20}$$

或者

$$y = C\mathrm{e}^{-\int P(x)\mathrm{d}x} + \mathrm{e}^{-\int P(x)\mathrm{d}x}\int Q(x)\,\mathrm{e}^{\int P(x)\mathrm{d}x}\mathrm{d}x.$$

可见对于非齐次线性微分方程的通解可以写成两部分之和,其中第一部分是对应的齐次线性微分方程的通解,第二部分是非齐次线性微分方程的一个特解.

因此,在解一阶微分方程过程中,通常采用两种方法:公式法和常数变易法.

【例 9.4.1】　求微分方程 $y' = y + x$ 的通解.

▶ 例 9.4.1

分析:此式为典型的线性方程,可以利用常数变易法进行求解.

解:(解法一)方程为一阶线性微分方程,先解对应的齐次方程
$$y' = y.$$

分离变量两端积分得通解为 $y = Ce^x$.

用常数变易法,把任意常数 C 变易为函数 $C(x)$,即 $y = C(x)e^x$ 是原方程的通解.

求导得
$$y' = C'(x)e^x + C(x)e^x.$$

代入原方程得
$$C'(x) = xe^{-x}.$$

积分得
$$C(x) = -(x+1)e^{-x} + C.$$

则原方程的通解为
$$y = Ce^x - x - 1.$$

(解法二)直接应用公式(9.20),但是必须先把方程化成式(9.15)的形式.这里 $P(x) = -1, Q(x) = x$,则通解为

$$y = e^{-\int P(x)dx}\left(\int Q(x)e^{\int P(x)dx}dx + C\right)$$

$$= e^{\int dx}\left(\int xe^{-\int dx}dx + C\right) = e^x\left(\int xe^{-x}dx + C\right)$$

$$= Ce^x - x - 1.$$

【例 9.4.2】　求方程 $y' = \dfrac{y + x\ln x}{x}$ 的通解.

分析:将方程变形,得到一个非齐次线性方程,再用常数变易法.

解:　原方程变形为:

$$y' - \frac{1}{x}y = \ln x,$$

此方程为一阶线性微分方程,先解对应的齐次方程

$$y' - \frac{1}{x}y = 0,$$

分离变量

$$\frac{dy}{y} = \frac{dx}{x},$$

两边积分得

$$\ln|y| = \ln|x| + C_1,$$

即

$$y = Cx.$$

用常数变易法,把任意常数 C 变易为函数 $C(x)$,即 $y = C(x)x$ 是原方程的通解.

代入原方程得

$$C'(x) = \frac{1}{x}\ln x,$$

所以

$$C(x) = \int \frac{\ln x}{x} \mathrm{d}x = \frac{1}{2}(\ln x)^2 + C,$$

因此原方程的通解为

$$y = \frac{x}{2}(\ln x)^2 + Cx.$$

【例 9.4.3】　求微分方程 $\dfrac{\mathrm{d}y}{\mathrm{d}x} - \dfrac{2y}{x+1} = (x+1)^{\frac{5}{2}}$ 的通解.

例 9.4.1

分析：这是一个非齐次线性方程，先求齐次方程的通解，再用常数变易法.

解：对应的齐次方程为：

$$\frac{\mathrm{d}y}{\mathrm{d}x} - \frac{2}{x+1}y = 0,$$

$$\frac{\mathrm{d}y}{y} = \frac{2\mathrm{d}x}{x+1},$$

$$\ln|y| = 2\ln|x+1| + \ln|C_1|,$$

$$y = C(x+1)^2.$$

用常数变易法，把 C 换为 $C(x)$，即令

$$y = C(x)(x+1)^2,$$

那么

$$\frac{\mathrm{d}y}{\mathrm{d}x} = C'(x)(x+1)^2 + 2C(x)(x+1),$$

代入所给非齐次方程，得

$$C'(x) = (x+1)^{\frac{1}{2}},$$

积分得

$$C(x) = \frac{2}{3}(x+1)^{\frac{3}{2}} + C.$$

代入可得方程的通解为

$$y = (x+1)^2 \left[\frac{2}{3}(x+1)^{\frac{3}{2}} + C \right].$$

一阶线性方程初值问题的解题思路一般是先求方程的通解，然后根据初始条件确定常数，从而得到其特解.

【例 9.4.4】　求方程 $\dfrac{\mathrm{d}y}{\mathrm{d}x} + 3y = 8$ 满足初始条件 $y|_{x=0} = 2$ 的特解.

分析：先求非齐次方程的通解，然后代入初始条件确定常数.

例 9.4.4

解：原方程对应的齐次方程为：

$$\frac{\mathrm{d}y}{\mathrm{d}x} + 3y = 0,$$

变形为

$$\frac{\mathrm{d}y}{\mathrm{d}x} = -3y,$$

即

$$\frac{1}{y}\mathrm{d}y = -3\mathrm{d}x,$$

两端积分得

$$y = Ce^{-3x}.$$

把任意常数 C 变易为函数 $C(x)$，即 $y = C(x)e^{-3x}$ 是原方程的通解. 代入原方程得

$$C'(x) = 8e^{3x},$$

所以

$$C(x) = \frac{8}{3}e^{3x} + C.$$

因此原方程的通解为

$$y = \left(\frac{8}{3}e^{3x} + C\right)e^{-3x} = \frac{8}{3} + Ce^{-3x}.$$

因为

$$y\,|_{x=0} = 2$$

代入解得

$$C = -\frac{2}{3}.$$

所以原方程满足初始条件的特解为

$$y = \frac{2}{3}(4 - e^{-3x}).$$

需要注意的是，很多时候，我们在求解微分方程时，往往需要交换 x 与 y 的函数关系，即将 y 作为自变量，使方程变为关于 y 的一阶线性方程求解.

【例 9.4.5】 求微分方程 $\dfrac{\mathrm{d}y}{\mathrm{d}x} = \dfrac{1}{x+y}$ 的通解.

分析：根据方程的特点，可以考虑将 y 作为自变量，使方程变为关于 y 的一阶线性方程求解.

例 9.4.5

解：(解法一) 方程变形为

$$\frac{\mathrm{d}x}{\mathrm{d}y} = x + y.$$

这是以 x 为未知函数，y 为自变量的微分方程，应用一阶线性微分方程的解法，方程的通解为

$$x = e^{\int \mathrm{d}y}\left(\int y e^{-\int \mathrm{d}y}\,\mathrm{d}y + C\right) = Ce^{y} - (y+1).$$

(解法二) 设变量 $u = x + y$，

则有

$$\frac{\mathrm{d}u}{\mathrm{d}x} = 1 + \frac{\mathrm{d}y}{\mathrm{d}x}.$$

代入方程整理得

$$\frac{\mathrm{d}u}{\mathrm{d}x}-1=\frac{1}{u},$$

$$\frac{\mathrm{d}u}{\mathrm{d}x}=\frac{1+u}{u}.$$

分离变量得

$$\frac{u}{u+1}\mathrm{d}u=\mathrm{d}x,$$

两端积分得

$$u-\ln|u+1|=x+C.$$

代回原变量得

$$y-\ln|x+y+1|=C,$$

或者

$$x=C_1\mathrm{e}^y-y-1.$$

即为原方程的通解.

　　本节主要介绍了一阶线性方程的定义及求解方法,通过常数变易法可以求解出大部分非齐次方程的通解,从中我们可以看出齐次线性方程与非齐次线性方程的区别与联系.那么对于高阶的微分方程来说,常数变易法还能适用吗? 高阶微分方程该如何求其通解呢?

练习 9.4

1. 求下列方程的通解.

（1）$y'+y=\mathrm{e}^{-x}$；　　　　　　（2）$xy'+y=\mathrm{e}^{2x}$；

（3）$\dfrac{\mathrm{d}y}{\mathrm{d}x}+2xy=4x$；　　　　（4）$y\ln y\mathrm{d}x+(x-\ln y)\mathrm{d}y=0$；

（5）$y'+y\cos x=\mathrm{e}^{-\sin x}$；　　（6）$(y+3)\mathrm{d}x+\cot x\mathrm{d}y=0$；

（7）$y\mathrm{d}x+(x-y^3)\mathrm{d}y=0$；　（8）$(y^2-6x)\dfrac{\mathrm{d}y}{\mathrm{d}x}+2y=0$.

2. 求下列方程的特解.

（1）$y'-y=2x\mathrm{e}^{2x},y(0)=1$；

（2）$\dfrac{\mathrm{d}y}{\mathrm{d}x}+\dfrac{y}{x}=\dfrac{\sin x}{x},y\big|_{x=\pi}=1$；

（3）$\dfrac{\mathrm{d}y}{\mathrm{d}x}+\dfrac{2-3x^2}{x^3}y=1,y\big|_{x=1}=0$.

3. 已知连续函数 $f(x)$ 满足条件 $f(x)=\displaystyle\int_0^{2x}f\left(\frac{t}{2}\right)\mathrm{d}t+\sin x$,求 $f(x)$.

9.5　可降阶的二阶微分方程

⊟ 可降阶的
二阶微分方程

　　预备知识:不定积分的换元积分法与分部积分方法,可分离变量的微分方程的解法.

　　二阶及二阶以上的微分方程统称为**高阶微分方程**.对于有些高阶微分方程,我们可以通过变量代换将它化成较低阶的方程来求解.本节介绍三种容易降阶的二阶微分方程的求解方法.

9.5.1　$y''=f(x)$ 型微分方程

　　形如微分方程

$$y''=f(x)$$

的特点是方程右端为仅含有自变量 x 的函数.

　　方程解法:原方程可以看成 y' 的一阶微分方程

$$(y')'=f(x),$$

两端积分一次

$$y'=\int f(x)\,\mathrm{d}x+C_1,$$

两端再积分一次

$$y=\iint f(x)\,\mathrm{d}x\mathrm{d}x+C_1 x+C_2.$$

即两端连续积分两次,便得到方程 $y''=f(x)$ 的通解.

　　这种逐次积分的方法,也可以求解更高阶的微分方程 $y^{(n)}=f(x)$,两端同时积分 n 次,即可得方程的通解.

　　【例 9.5.1】　求方程 $y''=\mathrm{e}^{2x}-\cos x$ 的通解.

　　分析:所给方程为二阶微分方程,右端仅含有自变量 x,对方程连续积分两次求得通解.

▶ 例 9.5.1

　　解:对所给微分方程连续积分两次,得

$$y'=\frac{1}{2}\mathrm{e}^{2x}-\sin x+C_1,$$

$$y=\frac{1}{4}\mathrm{e}^{2x}+\cos x+C_1 x+C_2,$$

上式即为所求通解.

　　【例 9.5.2】　求方程 $y'''=\sin x+24x$ 的通解及满足条件 $y(0)=1$,$y'(0)=y''(0)=-1$ 的特解.

　　分析:所给方程为三阶微分方程,右端仅含有自变量 x,对方程连续积分三次求得通解,将所给条件分别代入通解,然后求得特解.

　　解:对所给微分方程连续积分三次得:

$$y''=\int(\sin x+24x)\,\mathrm{d}x=-\cos x+12x^2+C_1,$$

$$y' = \int (-\cos x + 12x^2 + C_1)\,dx = -\sin x + 4x^3 + C_1 x + C_2,$$

$$y = \int (-\sin x + 4x^3 + C_1 x + C_2)\,dx = \cos x + x^4 + \frac{C_1}{2}x^2 + C_2 x + C_3,$$

将 $y(0)=1, y'(0)=y''(0)=-1$ 代入后可以得出 $C_1=0, C_2=-1$, $C_3=0$.于是所求特解为

$$y = \cos x + x^4 - x.$$

9.5.2　$y''=f(x,y')$ 型微分方程

形如

$$y'' = f(x, y')$$

方程特点是方程右端不显含 y,是自变量 x 和未知函数 y' 的函数.

方程解法:令 $y'=p$,则 $y''=\dfrac{dp}{dx}$,将原方程化为关于 p 的一阶方程 $p'=f(x,p)$,求出该方程的通解为

$$p = \varphi(x, C_1),$$

根据关系式 $y'=p$,得到一个一阶微分方程

$$\frac{dy}{dx} = \varphi(x, C_1),$$

对它积分一次即可得出原方程的通解:

$$y = \int \varphi(x, C_1)\,dx + C_2.$$

【例 9.5.3】　求方程 $xy''+y'=0$ 的通解.

分析:题目中的方程属 $y''=f(x,y')$ 型,利用上述解法求解.

解:令 $y'=p$,则 $y''=p'$,原方程化为一阶方程

$$xp' + p = 0,$$

分离变量得

$$\frac{1}{p}dp = -\frac{1}{x}dx.$$

例 9.5.3

两边积分得 $p=\dfrac{C_1}{x}$,然后再积分一次即得原方程的通解为

$$y = C_1 \ln |x| + C_2.$$

需要提醒读者注意的是,在解题过程中曾以 p 作为除数,而由 $p=0$ 得到的解 $y=C$(任意常数)已包含在通解中($C_1=0$).

【例 9.5.4】　求解微分方程的初值问题.

$$(1+x^2)y'' = 2xy', \quad y\big|_{x=0}=1, \quad y'\big|_{x=0}=3.$$

分析:所给方程属 $y''=f(x,y')$ 型,先求出通解,再利用所给条件求出特解.

例 9.5.4

解:令 $y'=p$,代入方程并分离变量后,有 $\dfrac{dp}{p}=\dfrac{2x}{1+x^2}dx$.两端积分得

$$\ln|p|=\ln(1+x^2)+C,$$

即
$$p=y'=C_1(1+x^2)\ (C_1=\pm e^C).$$

两端再积分得方程的通解：

$$y=\frac{C_1}{3}x^3+C_1x+C_2.$$

又由条件 $y\,|_{x=0}=1,y'\,|_{x=0}=3$，得 $C_1=3,C_2=1$．于是所求初值问题的解为

$$y=x^3+3x+1.$$

9.5.3　$y''=f(y,y')$ 型微分方程

形如

$$y''=f(y,y')$$

方程的特点是方程右端不显含 x，是未知函数 y 和 y' 的函数．

方程解法：把 y 暂时看作自变量，并作变换 $y'=p(y)$，于是，由复合函数的求导法则有

$$y''=\frac{\mathrm{d}p}{\mathrm{d}x}=\frac{\mathrm{d}p}{\mathrm{d}y}\frac{\mathrm{d}y}{\mathrm{d}x}=p\frac{\mathrm{d}p}{\mathrm{d}y}.$$

这样就将原方程化为关于 p 的一阶方程

$$p\frac{\mathrm{d}p}{\mathrm{d}y}=f(y,p).$$

求出该方程的通解为

$$y'=p=\varphi(y,C_1),$$

这是可分离变量的方程，对其积分即可得到原方程的通解

$$\int\frac{\mathrm{d}y}{\varphi(y,C_1)}=x+C_2.$$

【例 9.5.5】　求方程 $yy''-(y')^2=0$ 的通解．

分析：所给方程属于 $y''=f(y,y')$ 型，利用上述过程进行求解．

解：令 $y'=p$，则 $y''=p\dfrac{\mathrm{d}p}{\mathrm{d}y}$，原方程化为

▶▶ 例 9.5.5

$$y\cdot p\frac{\mathrm{d}p}{\mathrm{d}y}-p^2=0.$$

分离变量得 $\dfrac{\mathrm{d}p}{p}=\dfrac{\mathrm{d}y}{y}$．两边积分得：

$$\ln|p|=\ln|y|+\ln|C_1|=\ln|C_1y|,$$

即
$$p=C_1y(C_1\neq0).$$

再由 $\dfrac{\mathrm{d}y}{\mathrm{d}x}=C_1y$，解得 $y=C_2\mathrm{e}^{C_1x}$．

在分离变量时,以 py 除方程两边.若 $p=0$ 或 $y=0$,得 $y=C$,它显然是原方程的解,已包含在通解中(如果能取 $C_1=0$).还要说明一点的是,上面用到的常数 $\ln|C_1|$ 能取 $(-\infty,+\infty)$ 中的任何值,所以该项是任意常数.综上所述,所求的通解为

$$y=C_2\mathrm{e}^{C_1x}(C_1,C_2\ 为任意常数).$$

【例 9.5.6】 求微分方程 $yy''=2(y'^2-y')$ 满足初始条件 $y(0)=1,y'(0)=2$ 的特解.

分析:所给方程属 $y''=f(y,y')$ 型,利用前述过程进行求解,求解过程中,将初始条件依次代入,求得对应的常数值.

例 9.5.6

解:令 $y'=p$,由 $y''=p\dfrac{\mathrm{d}p}{\mathrm{d}y}$ 代入方程并化简得

$$y\frac{\mathrm{d}p}{\mathrm{d}y}=2(p-1).$$

上式为可分离变量的一阶微分方程,解得 $p=y'=Cy^2+1$,再分离变量,得

$$\frac{\mathrm{d}y}{Cy^2+1}=\mathrm{d}x,$$

由初始条件 $y(0)=1,y'(0)=2$ 得出 $C=1$,从而得

$$\frac{\mathrm{d}y}{1+y^2}=\mathrm{d}x,$$

再两边积分,得 $\arctan y=x+C_1$ 或 $y=\tan(x+C_1)$,由 $y(0)=1$ 得出 $C_1=\arctan 1=\dfrac{\pi}{4}$,从而所求的特解为

$$y=\tan\left(x+\frac{\pi}{4}\right).$$

【例 9.5.7】 求方程 $yy''-y'^2+y'=0$ 的通解.

分析:所给方程属 $y''=f(y,y')$ 型,利用前述过程进行求解.

解:设 $y'=p$,则 $y''=p\dfrac{\mathrm{d}p}{\mathrm{d}y}$,方程可以转化为

$$p\left(y\frac{\mathrm{d}p}{\mathrm{d}y}-p+1\right)=0.$$

即 $p=0$ 或 $y\dfrac{\mathrm{d}p}{\mathrm{d}y}-p+1=0$.

若 $p=0$,即 $y'=0$,方程的通解为 $y=C$.

对于 $y\dfrac{\mathrm{d}p}{\mathrm{d}y}-p+1=0$,变形为

$$\frac{\mathrm{d}p}{\mathrm{d}y}-\frac{1}{y}p=-\frac{1}{y}.$$

这是一个非齐次线性微分方程,可以解得通解为

$$p=\mathrm{e}^{\int\frac{1}{y}\mathrm{d}y}\left[\int\left(-\frac{1}{y}\right)\mathrm{e}^{-\int\frac{1}{y}\mathrm{d}y}\mathrm{d}y+C_1\right]=1+C_1y,$$

即
$$y' = 1 + C_1 y.$$

分离变量并积分得
$$y = \frac{C_2 e^{C_1 x} - 1}{C_1}.$$

$y = C$ 包含在 $y = \dfrac{C_2 e^{C_1 x} - 1}{C_1}$ 中 $(C_2 = 0)$,所以方程的通解为 $y = \dfrac{C_2 e^{C_1 x} - 1}{C_1}$.

　　本节我们研究了几类可降阶的二阶微分方程的解法,对于其他形式的二阶微分方程该怎样求解?

练习 9.5

　　1. 求下列微分方程的通解:

(1) $y'' = \sin x + x$; 　　　　　　(2) $y''' = x e^x$;

(3) $xy'' + y' = 0$; 　　　　　　(4) $y'' = y' + x$;

(5) $yy'' + 2(y')^2 = 0$; 　　　　(6) $y^3 y'' = 1$.

　　2. 求解下列初值问题:

(1) $yy'' = 2(y'^2 - y')$,满足条件 $x = 0, y = 1, y' = 2$;

(2) $xy'' + y' = 0$,满足 $x = 1$ 时,$y = 1$.

9.6　二阶常系数线性微分方程

特征根不同实根

**二阶常系数线性
微分方程**

　　预备知识:一元二次方程根的求法; $ax^2 + bx + c = 0$ 的两个根是 x_1, x_2,则 $x_1 + x_2 = -\dfrac{b}{a}$;当 $\Delta < 0$ 时, $ax^2 + bx + c = 0$ 有两个共轭复根;$y = e^{(\alpha + i\beta)x} = e^{\alpha x}(\cos\beta x + i\sin\beta x)$;

形如
$$y'' + py' + qy = f(x) \tag{9.21}$$

的方程称为**二阶常系数线性微分方程**,其中 p, q 为常数,$f(x)$ 为已知函数.当方程右端 $f(x) \equiv 0$ 时,方程称为**齐次**的,否则称为**非齐次**的.我们首先学习比较简单的齐次方程.

9.6.1　二阶常系数齐次线性微分方程解的结构

　　二阶常系数齐次线性微分方程的形式是
$$y'' + py' + qy = 0. \tag{9.22}$$

我们首先讨论二阶线性微分方程通解的结构.

　　定理 9.1(解的叠加原理)　如果函数 $y_1(x)$ 与 $y_2(x)$ 都是二阶

常系数齐次线性方程(9.22)的解,则其线性组合
$$y = C_1 y_1(x) + C_2 y_2(x)$$
也是方程(9.22)的解,其中 C_1, C_2 是任意常数.

证明:将 $y = C_1 y_1(x) + C_2 y_2(x)$ 代入二阶常系数齐次线性微分方程的左边,得

$$(C_1 y_1 + C_2 y_2)'' + p(C_1 y_1 + C_2 y_2)' + q(C_1 y_1 + C_2 y_2)$$
$$= C_1 [y_1'' + p y_1' + q y_1] + C_2 [y_2'' + p y_2' + q y_2]$$
$$= C_1 \cdot 0 + C_2 \cdot 0 = 0.$$

所以 $y = C_1 y_1(x) + C_2 y_2(x)$ 是方程(9.22)的解.

$y = C_1 y_1(x) + C_2 y_2(x)$ 是二阶常系数齐次线性微分方程(9.22)的解,又含有两个任意常数,那么它是否就是方程的通解呢? 我们看一个简单例子.

【例 9.6.1】　验证 $y_1 = e^x, y_2 = 3e^x$ 是方程
$$y'' - y = 0$$
的解,但 $y = C_1 y_1 + C_2 y_2$ 不是方程的通解.

证明:将 $y_1 = e^x, y_2 = 3e^x$ 代入 $y'' - y = 0$ 知它们都是方程的解,故 $y = C_1 y_1 + C_2 y_2$ 也是方程的解.但

$$C_1 y_1 + C_2 y_2 = C_1 e^x + C_2 \cdot 3 e^x = (C_1 + 3C_2) e^x = C e^x \quad (C = C_1 + 3C_2),$$
因此不能作为方程的通解.

这个例子表明,一般不能将方程任意两个解的组合 $y = C_1 y_1 + C_2 y_2$ 作为其通解.

> **定义 9.4(函数的线性相关性)**　如果存在不全为零的常数 k_1, k_2 使得
> $$k_1 y_1(x) + k_2 y_2(x) = 0,$$
> 则称 y_1 与 y_2 **线性相关**.

当且仅当 $k_1 = k_2 = 0$ 时, $k_1 y_1(x) + k_2 y_2(x) = 0$ 才成立,则称 y_1 与 y_2 **线性无关**.

定理 9.2　如果函数 $y_1(x)$ 与 $y_2(x)$ 是二阶常系数齐次线性方程(9.22)的两个线性无关的特解,则 $y = C_1 y_1 + C_2 y_2$ 为该方程的通解.

例如 $y_1 = e^x$ 与 $y_2 = e^{-x}$ 是方程 $y'' - y = 0$ 的两个线性无关的特解,此时 $y = C_1 y_1 + C_2 y_2$ 就是方程的通解.

9.6.2　求二阶常系数齐次线性微分方程的通解

由定理 9.2 可知,求二阶常系数齐次线性方程(9.22)的通解,可归为求方程的两个线性无关的特解.

求方程(9.22)的特解,就是找出一个函数 y,使得 y, y', y'' 各乘一个常数因子后的代数和等于零,即 y, y', y'' 之间只差一个常数倍.在所有的初等函数中,只有指数函数具有这样的性质,则适当选

取指数函数 e^{rx} 中指数 rx,看能否满足齐次方程(9.22).

将 $y=e^{rx},y'=re^{rx},y''=r^2e^{rx}$ 代入方程(9.22),得

$$e^{rx}(r^2+pr+q)=0.$$

因为 $e^{rx}\neq0$,所以有

$$r^2+pr+q=0. \tag{9.23}$$

一元二次方程(9.23)称为齐次方程(9.22)的**特征方程**.特征方程的解称为**特征根**.

由于特征方程的特征根有三种不同情形,因此需要分三种情形讨论方程 $y''+py'+qy=0$ 的通解.

1. 特征根是两个不相等的实根的情形

当特征方程的判别式 $\Delta=p^2-4q>0$ 时,有两个不相等的实根:

$$r_1=\frac{-p+\sqrt{p^2-4q}}{2},r_2=\frac{-p-\sqrt{p^2-4q}}{2}.$$

这时齐次方程(9.22)有两个线性无关的特解:

$$y_1=e^{r_1x},y_2=e^{r_2x}.$$

因此齐次方程(9.22)的通解为

$$y=C_1e^{r_1x}+C_2e^{r_2x}.$$

▶ 例 9.6.2

【例 9.6.2】 求方程 $y''-5y'+6y=0$ 的通解.

分析:先求出特征根,若不同,则可以写出通解 $y=C_1e^{r_1x}+C_2e^{r_2x}$.

解:特征方程为

$$r^2-5r+6=0,即(r-2)(r-3)=0.$$

特征根为 $r_1=2,r_2=3$.故所求微分方程的通解为

$$y=C_1e^{2x}+C_2e^{3x}.$$

2. 特征根是重根的情形

当特征方程(9.23)的判别式 $\Delta=p^2-4q=0$ 时,

$$r_1=r_2=\frac{-p}{2}=r.(可得 2r+p=0)$$

这时,齐次方程(9.22)只有一个特解:$y_1=e^{rx}$.为了得到另一个与 $y_1=e^{rx}$ 线性无关的特解,可设 $y_2=u(x)e^{rx}$ 其中,$u(x)$ 是待定的函数.

将 $y_2=u(x)e^{rx}$ 代入原方程

$$(ue^{rx})''+p(ue^{rx})'+q(ue^{rx})$$
$$=e^{rx}(u''+2ru'+r^2u)+pe^{rx}(u'+ru)+que^{rx}$$
$$=e^{rx}[u''+(2r+p)u'+(r^2+pr+q)u]=0.$$

因为 $e^{rx}\neq0$,且因 r 是特征方程的重根,有 $2r+p=0,r^2+pr+q=0$,可得到 $u''=0$,选取最简单的一个函数 $u(x)=x$,故 $y_2=xe^{r_1x}$ 也是齐次方程(9.22)的解,因为 $\dfrac{y_2}{y_1}=\dfrac{xe^{r_1x}}{e^{r_1x}}=x$ 不是常数.所以齐次方程(9.22)的通解为

$$y=C_1e^{r_1x}+C_2xe^{r_1x}.$$

【例 9.6.3】　求方程 $y''+4y'+4y=0$ 的通解.

分析:方程有两个相同的根,通解为 $y=C_1\mathrm{e}^{r_1x}+C_2x\mathrm{e}^{r_1x}$

解:方程对应的特征方程为

$$r^2+4r+4=0.$$

特征根为 $r_1=r_2=-2$,是两个相等的实根.则方程的通解为

$$y=(C_1+C_2x)\mathrm{e}^{-2x}.$$

▶▌ 特征根是重根的
情形、例 9.6.3

3. 特征根是一对共轭复根的情形

当特征方程(9.23)的判别式 $\Delta=p^2-4q<0$ 时,有一对共轭复根:

$$r_1=\alpha+\mathrm{i}\beta,r_2=\alpha-\mathrm{i}\beta\left(\alpha=-\frac{p}{2},\beta=\frac{\sqrt{4q-p^2}}{2}\right)$$

这时方程 $y''+py'+qy=0$ 的两个线性无关特解为

$$y_1=\mathrm{e}^{(\alpha+\mathrm{i}\beta)x},y_2=\mathrm{e}^{(\alpha-\mathrm{i}\beta)x}.$$

为了得到方程在实数域内的通解,利用欧拉公式 $\mathrm{e}^{\mathrm{i}\theta}=\cos\theta+\mathrm{i}\sin\theta$,有

$$y_1=\mathrm{e}^{(\alpha+\mathrm{i}\beta)x}=\mathrm{e}^{\alpha x}\cdot\mathrm{e}^{\mathrm{i}\beta x}=\mathrm{e}^{\alpha x}(\cos\beta x+\mathrm{i}\sin\beta x),y_2=\mathrm{e}^{(\alpha-\mathrm{i}\beta)x}=\mathrm{e}^{\alpha x}\cdot\mathrm{e}^{-\mathrm{i}\beta x}=\mathrm{e}^{\alpha x}(\cos\beta x-\mathrm{i}\sin\beta x).$$

利用定理 9.1 解的叠加原理有

$$\overline{y_1}=\frac{1}{2}(y_1+y_2)=\mathrm{e}^{\alpha x}\cos\beta x,\overline{y_2}=\frac{1}{2\mathrm{i}}(y_1-y_2)=\mathrm{e}^{\alpha x}\sin\beta x$$

也是齐次方程(9.22)的解,且 $\dfrac{\overline{y_1}}{\overline{y_2}}=\dfrac{\cos\beta x}{\sin\beta x}=\cot\beta x$ 不是常数,即 $\overline{y_1},\overline{y_2}$ 线性无关,因此齐次方程(9.22)的通解为

$$y=\mathrm{e}^{\alpha x}(C_1\cos\beta x+C_2\sin\beta x).$$

【例 9.6.4】　求方程 $y''+4y'+6y=0$ 的通解.

分析:因为 $\Delta=p^2-4q<0$,所以通解是 $y=\mathrm{e}^{\alpha x}(C_1\cos\beta x+C_2\sin\beta x)$.

解:方程对应的特征方程为

$$r^2+4r+6=0.$$

特征根为 $r_{1,2}=-2\pm\sqrt{2}\mathrm{i}$,是一对共轭的复根,则方程的通解为

$$y=\mathrm{e}^{-2x}(C_1\cos\sqrt{2}x+C_2\sin\sqrt{2}x).$$

▶▌ 例 9.6.4

综上所述,二阶常系数齐次线性微分方程 $y''+py'+qy=0$ 的通解求法如下:

第一步,写出微分方程的特征方程 $r^2+pr+q=0$;

第二步,求特征方程的根;

第三步,根据三种不同情形按表 9-1 写出微分方程的通解.

表 9-1

特征方程 $r^2+pr+q=0$ 根的情形	微分方程 $y''+py'+qy=0$ 的通解
有两个不相等的实根 $r_1\neq r_2$	$y=C_1\mathrm{e}^{r_1x}+C_2\mathrm{e}^{r_2x}$
重根 $r_1=r_2=r$	$y=(C_1+C_2x)\mathrm{e}^{rx}$
一对共轭复根 $r_{1,2}=\alpha\pm\mathrm{i}\beta$	$y=\mathrm{e}^{\alpha x}(C_1\cos\beta x+C_2\sin\beta x)$

9.6.3　二阶常系数非齐次线性微分方程解的结构

二阶常系数非齐次线性微分方程的一般形式是

$$y''+py'+qy=f(x)\,,\tag{9.24}$$

其中 p,q 为常数,且 $f(x)$ 不恒为 0.通常称方程(9.22)为方程(9.21)对应的**齐次方程**.

与一阶线性微分方程解的结构类似,二阶常系数非齐次线性微分方程的通解也由两部分构成:一部分是对应的齐次方程的通解,另一部分是非齐次方程本身的一个特解.

定理 9.3　设 y^* 是二阶常系数非齐次线性微分方程方程(9.21)的一个特解, Y 是对应的齐次方程(9.22)的通解,那么 $y=Y+y^*$ 是方程(9.21)的通解.

证明:因为 y^* 是方程 $y''+py'+qy=f(x)$ 的一个特解,所以

$$(y^*)''+p(y^*)'+qy^*=f(x).$$

又因为 Y 是相应的齐次方程的通解,因此

$$Y''+pY'+qY=0.$$

将 $y=Y+y^*$ 代入方程(9.21)的左端,得

$$(Y+y^*)''+p(Y+y^*)'+q(Y+y^*)=(Y''+pY'+qY)+\left[(y^*)''+p(y^*)'+qy^*\right]=f(x).$$

所以 $y=Y+y^*$ 是非齐次微分方程(9.21)的通解.

定理 9.4(叠加原理)　设 y_1,y_2 分别是方程

$$y''+py'+qy=f_1(x)\,,y''+py'+qy=f_2(x)$$

的解,则 $y=y_1+y_2$ 是方程

$$y''+py'+qy=f_1(x)+f_2(x)$$

的解.

证明:由 $y_1''+py_1'+qy_1=f_1(x)$ 与 $y_2''+py_2'+qy_2=f_2(x)$ 相加即得

$$(y_1+y_2)''+p(y_1+y_2)'+q(y_1+y_2)=f_1(x)+f_2(x)$$

所以定理的结论成立.

9.6.4　求几种特殊形式的非齐次方程的解

下面介绍当 $f(x)$ 为下列特殊形式时特解的求法.

1. $f(x)=P_n(x)$ 的情形

此时,二阶常系数非齐次线性方程为

$$y''+py'+qy=P_n(x)\,,$$

其中 $P_n(x)$ 为一个 n 次多项式:

$$P_n(x)=a_0x^n+a_1x^{n-1}+\cdots+a_{n-1}x+a_n.$$

因为方程中 p,q 均为常数且由于多项式的导数仍为多项式,所以可以推测, $y''+py'+qy=P_n(x)$ 的特解的形式为

$$y^*=x^kQ_n(x)\,,$$

其中 $Q_n(x)$ 与 $P_n(x)$ 是同次多项式, $k\in\{0,1,2\}$. k 的取值原则是使得等式两边 x 的最高阶的幂次相同,具体做法如下:

（1）当 $q \neq 0$ 时，取 $k=0$.

（2）当 $q=0$，但 $p \neq 0$ 时，取 $k=1$.

（3）当 $q=0$，且 $p=0$ 时，取 $k=2$.

将所设的特解代入原方程，使等式两边 x 同次幂的系数相等，从而确定 $Q_n(x)$ 的各项系数，便得到所求之特解.

【例 9.6.5】 求方程 $y''+4y'+3y=3x$ 的通解.

分析：先求对应齐次方程的通解，因为右边是一次多项式，且 $q=3 \neq 0$，则设特解也为一次多项式.

解：对应齐次方程的特征方程为

$$r^2+4r+3=0,$$

特征根为

$$r_1=-3, r_2=-1,$$

则对应的齐次方程的通解为

$$y=C_1 \mathrm{e}^{-3x}+C_2 \mathrm{e}^{-x}.$$

因为 $q \neq 0$，故设非齐次方程的特解为

$$y^*=a+bx,$$

代入原方程整理得

$$4b+3a+3bx=3x.$$

比较两端 x 的同次幂的系数，有

$$\begin{cases} 3b=3, \\ 4b+3a=0, \end{cases}$$

得 $b=1, a=-\dfrac{4}{3}$，于是求得非齐次方程的一个特解为

$$y^*=-\frac{4}{3}+x.$$

则所求方程的通解为

$$y=C_1 \mathrm{e}^{-3x}+C_2 \mathrm{e}^{-x}-\frac{4}{3}+x.$$

2. $f(x)=\mathrm{e}^{\lambda x} P_m(x)$ 的情形

方程右端是指数函数和多项式的乘积，而指数函数和多项式乘积的导数仍然是指数函数和多项式的乘积，故可以推测 $y^*=\mathrm{e}^{\lambda x} Q(x)$（$Q(x)$ 是某次多项式）可能是方程的一个特解，那么 $Q(x)$ 该如何选取，才能使 $y^*=\mathrm{e}^{\lambda x} Q(x)$ 是方程的特解呢？

将

$$y^*=\mathrm{e}^{\lambda x} Q(x),$$
$$(y^*)'=\lambda \mathrm{e}^{\lambda x} Q(x)+\mathrm{e}^{\lambda x} Q'(x),$$
$$(y^*)''=\lambda^2 \mathrm{e}^{\lambda x} Q(x)+2\lambda \mathrm{e}^{\lambda x} Q'(x)+\mathrm{e}^{\lambda x} Q''(x),$$

代入方程（9.24）整理得

$$\mathrm{e}^{\lambda x}\left[Q''(x)+(2\lambda+p)Q'(x)+(\lambda^2+p\lambda+q)Q(x) \right]=\mathrm{e}^{\lambda x} P_m(x),$$

即

$$Q''(x)+(2\lambda+p)Q'(x)+(\lambda^2+p\lambda+q)Q(x)=P_m(x). \quad (9.25)$$

（1）如果 λ 不是对应的齐次方程的特征根，即 $\lambda^2+p\lambda+q\neq 0$，因为表达式（9.25）右端是 m 次多项式，左端多项式 $Q(x)$ 的次数最大，要使左右两端相等，则 $Q(x)$ 也应该是 m 次的多项式，令

$$Q(x)=Q_m(x)=a_0+a_1x+\cdots+a_mx^m,$$

代入方程（9.25）中，比较两端 x 的同次幂的系数，从而可以确定 $a_0,a_1,\cdots,a_m$，则可以得到方程的特解为

$$y^*=\mathrm{e}^{\lambda x}Q_m(x).$$

（2）如果 λ 是对应的齐次方程的单根，即 $\lambda^2+p\lambda+q=0$，但 $2\lambda+p\neq 0$，因为表达式（9.25）右端是 m 次多项式，左端多项式 $Q'(x)$ 的次数最大，要使左右两端相等，则 $Q(x)$ 应该是 $(m+1)$ 次的多项式，令

$$Q(x)=xQ_m(x)=x(a_0+a_1x+\cdots+a_mx^m),$$

代入方程（9.25）中，比较两端 x 的同次幂的系数，从而可以确定 $a_0,a_1,\cdots,a_m$，则可以得到方程的特解为

$$y^*=\mathrm{e}^{\lambda x}xQ_m(x).$$

（3）如果 λ 是对应的齐次方程的二重根，即 $\lambda^2+p\lambda+q=0,2\lambda+p=0$，因为表达式（9.25）右端是 m 次多项式，左端中多项式 $Q''(x)$ 的次数最大，要使左右两端相等，则 $Q(x)$ 应该是 $(m+2)$ 次的多项式，令

$$Q(x)=x^2Q_m(x)=x^2(a_0+a_1x+\cdots+a_mx^m),$$

代入方程（9.25）中，比较两端 x 的同次幂的系数，从而可以确定 $a_0,a_1,\cdots,a_m$，则可以得到方程的特解为

$$y^*=\mathrm{e}^{\lambda x}x^2Q_m(x).$$

综上所述，方程 $y''+py'+qy=\mathrm{e}^{\lambda x}P_m(x)$ 具有形如 $y^*=\mathrm{e}^{\lambda x}x^kQ_m(x)$ 的特解，其中 λ 不是特征根时，$k=0$；λ 是单根时，$k=1$；λ 是二重根时，$k=2$.

【例9.6.6】 求方程 $y''+4y'+3y=2\mathrm{e}^{-x}$ 的特解.

分析：判断 $\lambda=-1$ 是不是特征方程的根，从而列出非齐次方程的特解.

例 9.6.6

解：因为 $\lambda=-1$ 是特征方程的单根，设非齐次方程的特解为

$$y^*=ax\mathrm{e}^{-x},$$

代入原方程整理得

$$2a\mathrm{e}^{-x}=2\mathrm{e}^{-x},$$

即 $a=1$，于是求得非齐次方程的一个特解为

$$y^*=x\mathrm{e}^{-x}.$$

则所求方程的通解为

$$y=C_1\mathrm{e}^{-3x}+C_2\mathrm{e}^{-x}+x\mathrm{e}^{-x}.$$

【例 9.6.7】　求方程 $y''+4y'+4y=(x+1)\mathrm{e}^{-2x}$ 的通解.

分析:先求对应齐次方程的通解,然后判断 $\lambda=-2$ 是不是特征方程的根,从而列出非齐次方程的特解.

解:对应齐次方程的特征方程为

$$r^2+4r+4=0.$$

特征根为 $r_1=r_2=-2$,则对应的齐次方程的通解为

$$y=(C_1+C_2x)\mathrm{e}^{-2x}.$$

因为 $\lambda=-2$ 是特征方程的二重根,设非齐次方程的特解为

$$y^*=x^2(ax+b)\mathrm{e}^{-2x},$$

代入原方程整理得

$$(6ax+2b)\mathrm{e}^{-2x}=(x+1)\mathrm{e}^{-2x},$$

比较两端 x 的同次幂的系数,有 $a=\dfrac{1}{6},b=\dfrac{1}{2}$,于是求得非齐次方程的一个特解为

$$y^*=x^2\left(\frac{x}{6}+\frac{1}{2}\right)\mathrm{e}^{-2x},$$

则所求方程的通解为

$$y=(C_1+C_2x)\mathrm{e}^{-2x}+\left(\frac{x^3}{6}+\frac{x^2}{2}\right)\mathrm{e}^{-2x}.$$

3. $f(x)=\mathrm{e}^{\alpha x}(A\cos\omega x+B\sin\omega x)$ 的情形

此时二阶常系数非齐次线性方程为

$$y''+py'+qy=\mathrm{e}^{\alpha x}(A\cos\omega x+B\sin\omega x),$$

其中 α,ω,A,B 均为常数.

因为方程中 p,q 均为常数,且指数函数的导数仍为指数函数,正弦函数与余弦函数的导数分别是余弦函数与负正弦函数,因此可推断原方程具有如下形式的特解:

$$y^*=x^k\mathrm{e}^{\alpha x}(C\cos\omega x+D\sin\omega x),$$

其中 C,D 为待定常数,k 取值 0 或 1.具体方法如下:

(1) 当 $\alpha+\mathrm{i}\omega$ 不是特征方程的根时,取 $k=0$.

(2) 当 $\alpha+\mathrm{i}\omega$ 是特征方程的根时,取 $k=1$.

【例 9.6.8】　求方程 $y''-y=5\sin2x$ 的通解.

分析:先求对应齐次方程的通解,然后判断 $\alpha+\mathrm{i}\omega$ 是不是特征方程的根,从而列出非齐次方程的特解.

解:对应齐次方程的特征方程为

$$r^2-1=0.$$

特征根为 $r_1=1,r_2=-1$,则对应的齐次方程的通解为

$$y=C_1\mathrm{e}^{-x}+C_2\mathrm{e}^{x}.$$

因为 $\alpha+\mathrm{i}\beta=2\mathrm{i}$ 不是特征根,故设非齐次方程的特解为

$$y^*=a\sin2x+b\cos2x.$$

则　　　　　　　　　$(y^*)''=-4a\sin2x-4b\cos2x.$

代入原方程整理得

$$-5a\sin2x-5b\cos2x=5\sin2x.$$

比较两端的系数,有 $a=-1,b=0$,于是求得非齐次方程的一个特解为

$$y^*=-\sin2x.$$

则所求方程的通解为

$$y=C_1\mathrm{e}^{-x}+C_2\mathrm{e}^x-\sin2x.$$

*【例9.6.9】　求方程 $y''+4y=3x+2+\sin x$ 的通解.

分析:方程的右边可以看成是 $f_1(x)=3x+2$ 与 $f_2(x)=\sin x$ 之和,利用叠加原理,求出相应的两个特解.

解: $f(x)=3x+2+\sin x$ 可以看成是 $f_1(x)=3x+2$ 与 $f_2(x)=\sin x$ 之和,所以分别考察方程 $y''+4y=3x+2$ 与方程 $y''+4y=\sin x$ 的特解,可求得方程 $y''+4y=3x+2$ 的一个特解为: $y_1^*=\dfrac{3}{4}x+\dfrac{1}{2}$.也可求得方程 $y''+4y=\sin x$ 的一个特解为: $y_2^*=\dfrac{1}{3}\sin x$.于是原方程的一个特解为

$$y^*=y_1^*+y_2^*=\frac{3}{4}x+\frac{1}{2}+\frac{1}{3}\sin x.$$

原方程所对应的齐次方程 $y''+4y=0$ 的通解为

$$Y=C_1\cos2x+C_2\sin2x$$

故原方程的通解为

$$y=y^*+Y=\frac{3}{4}x+\frac{1}{2}+\frac{1}{3}\sin x+C_1\cos2x+C_2\sin2x.$$

除了经常遇到方程中出现导数或微分外,在解决经济或其他问题中还会遇到另外一种特殊的方程——差分方程.

练习9.6

1. 下列函数组在其定义区间内是否线性无关?

(1) $\mathrm{e}^{x^2},x\mathrm{e}^{x^2}$;　　　　　　　　(2) $\mathrm{e}^{ax},\mathrm{e}^{bx}(a\neq b)$;

(3) $\cos x,\sin x$.

2. 求下列微分方程的通解:

(1) $y''-2y'-3y=0$;　　　　　　(2) $y''-6y'+9y=0$;

(3) $y''-2y'-8y=0$;　　　　　　(4) $y''+2y'+5y=0$;

(5) $y''+4y'+4y=0$;　　　　　　(6) $y''+16y=0$;

(7) $y''+y=4\sin x$;　　　　　　(8) $y''-2y'-3y=\mathrm{e}^{-x}$;

*(9) $y''+y'-2y=8\sin2x+5$;　　*(10) $y''+2y'+y=x\mathrm{e}^x$.

3. 求满足初值问题的特解:

$y''+2y'+y=0,y\big|_{x=0}=4,y'\big|_{x=0}=-2.$

4. 求下列微分方程的一个特解：

（1）$y''-2y'-3y=3x+1$；

（2）$y''+9y'=x-4$；

（3）$y''-2y'+y=e^x$；

*（4）$y''+9y=\cos x+2x+1$．

9.7　差分及差分方程的基本概念

预备知识：导数的定义；微分与微分方程的定义；一阶微分方程的解法．

差分及差分方程的基本概念

前几节讨论的微分方程中，自变量 x 是在区间上连续取值，所求方程中的函数是 x 的连续函数．在经济管理与相关问题中，变量大多数是在等长时间周期内统计的，例如，银行的定期存款、国家财政预算、国内生产总值（GDP）、消费水平、投资水平以及产品的产量、成本、收益、利润等都是按照某一时间段进行统计．基于这些原因，在研究分析实际的经济管理问题中，有关变量的取值是离散的，则描绘这些变量之间的变化规律的数学模型也是离散的，差分与差分方程就是研究这些离散型数学模型的有力工具．

9.7.1　差分的概念

设变量 y 是 t 的函数，记为 $y_t=f(t)$，其中自变量 t（通常表示时间）的取值为离散的等间隔的整数值：$t=\cdots,-2,-1,0,1,2,\cdots$，$y_t$ 是定义在相应点的函数．

差分的概念

> **定义 9.5**　设函数 $y_t=f(t)$ 在 $t=\cdots,-2,-1,0,1,2,\cdots$ 处有定义，对应的函数值为 $\cdots,y_{-2},y_{-1},y_0,y_1,y_2,\cdots$，则函数 $y_t=f(t)$ 在时间 t 的一阶差分定义为
> $$\Delta y_t=y_{t+1}-y_t=f(t+1)-f(t).$$
> 其中"Δ"称为"差分"，Δy_t 表示对 y_t 的差分；类似地有
> $$\Delta y_{t+1}=y_{t+2}-y_{t+1}=f(t+2)-f(t+1),$$
> $$\Delta y_{t-1}=y_t-y_{t-1}=f(t)-f(t-1),$$
> $$\vdots$$

同样，可以定义 $y_t=f(t)$ 在时刻 t 的二阶差分 $\Delta^2 y_t$，二阶差分是在一阶差分的基础上再次差分，即
$$\Delta^2 y_t=\Delta y_{t+1}-\Delta y_t=(y_{t+2}-y_{t+1})-(y_{t+1}-y_t)=y_{t+2}-2y_{t+1}+y_t.$$

一般地，k 阶差分定义为
$$\Delta^k y_t=\Delta^{k-1}y_{t+1}-\Delta^{k-1}y_t=\sum_{i=0}^{k}(-1)^i C_k^i y_{t+k-i}.$$

其中 $C_k^i = \dfrac{k!}{i!(k-i)!}$. 二阶及二阶以上的差分称为高阶差分.

【例 9.7.1】 已知 $y_t = C,(C$ 是常数$)$, 求 Δy_t.

分析: 利用一阶差分的定义, 直接计算就可以得到结果.

解:
$$\Delta y_t = y_{t+1} - y_t = C - C = 0.$$

【例 9.7.2】 已知 $y_t = t^2$, 求 $\Delta y_t, \Delta^2 y_t, \Delta^3 y_t$.

分析: 利用一阶差分与高阶差分的定义, 逐次迭代即可以计算.

解:
$$\Delta y_t = y_{t+1} - y_t = (t+1)^2 - t^2 = 2t+1,$$
$$\Delta^2 y_t = \Delta y_{t+1} - \Delta y_t = (2t+2+1) - (2t+1) = 2,$$
$$\Delta^3 y_t = \Delta^2 y_{t+1} - \Delta^2 y_t = 2 - 2 = 0.$$

【例 9.7.3】 已知 $y_t = a^t ($其中 $a>0$, 且 $a \neq 1)$, 求 Δy_t.

分析: 利用一阶差分的定义, 可以求出指数函数的差分.

解:
$$\Delta y_t = y_{t+1} - y_t = a^{t+1} - a^t = a^t(a-1).$$

【例 9.7.4】 设 $y_t = t^{(n)} = t(t-1)(t-2)\cdots(t-n+1)$, 且 $t^{(0)} = 1$, 求 Δy_t.

分析: 利用一阶差分的定义, 可以求出幂函数的差分.

解: 因为 $\quad y_t = t^{(n)} = t(t-1)(t-2)\cdots(t-n+1)$

所以 $y_{t+1} = (t+1)^{(n)} = (t+1)t(t-1)(t-2)\cdots(t+1-n+1)$

因此 $\Delta y_t = y_{t+1} - y_t$
$$= (t+1)t(t-1)(t-2)\cdots(t-n+2) - t(t-1)(t-2)\cdots(t-n+1).$$
$$= t(t-1)(t-2)\cdots[t-(n-2)][t+1-(t-n+1)].$$
$$= t(t-1)(t-2)\cdots[t-(n-2)]n = nt^{(n-1)}.$$

一阶差分的性质如下.

性质 9.1 若 $y_t = C(C$ 是常数$)$, 则 $\Delta y_t = 0$.

性质 9.2 对于任意的常数 k, $\Delta(ky_t) = k\Delta y_t$.

性质 9.3 $\Delta(y_t + z_t) = \Delta y_t + \Delta z_t$.

性质 9.4 $^* \Delta(y_t z_t) = y_{t+1}\Delta z_t + z_t\Delta y_t = y_t\Delta z_t + z_{t+1}\Delta y_t$.

性质 9.5 $^* \Delta\left(\dfrac{y_t}{z_t}\right) = \dfrac{z_t\Delta y_t - y_t\Delta z_t}{z_t \cdot z_{t+1}} = \dfrac{z_{t+1}\Delta y_t - y_{t+1}\Delta z_t}{z_t \cdot z_{t+1}}$.

利用差分的定义可以对以上性质进行证明, 这里只给出性质 9.4 的证明, 其余的类似, 请读者自行证明.

证明:
$$\Delta(y_t z_t) = y_{t+1}z_{t+1} - y_t z_t = y_{t+1}z_{t+1} - y_{t+1}z_t + y_{t+1}z_t - y_t z_t$$
$$= y_{t+1}(z_{t+1} - z_t) + (y_{t+1} - y_t)z_t = y_{t+1}\Delta z_t + z_t\Delta y_t.$$

9.7.2　差分方程的基本概念

差分方程的定义

定义 9.6 含有未知函数 $y_t = f(t)$ 以及 y_t 的差分 $\Delta y_t, \Delta^2 y_t,$ $\Delta^3 y_t, \cdots$ 的函数方程, 称为常差分方程, 简称差分方程, 出现在方程中差分的最高阶数称为差分方程的阶.

n 阶差分方程的一般形式为

$$F(t, y_t, \Delta y_t, \Delta^2 y_t, \cdots, \Delta^n y_t) = 0. \tag{9.26}$$

其中 F 是已知函数, 且 $\Delta^n y_t$ 一定要在方程中出现.

从前面差分的定义可以看出, 函数的差分可以表示成函数在不同时刻函数值的代数和, 则差分方程的定义可以写成以下的另一种形式.

> **定义 9.7**　含有自变量 t 以及两个或两个以上函数值的函数方程, 称为常差分方程, 简称差分方程; 出现在差分方程中未知函数的最大下标和最小下标之差, 称为差分方程的阶.

n 阶差分方程的一般形式为

$$F(t, y_t, y_{t+1}, \cdots, y_{t+n}) = 0$$

或

$$G(t, y_t, y_{t-1}, \cdots, y_{t-n}) = 0. \tag{9.27}$$

注: ① 差分方程的两种定义形式可以相互转换.

例如, $\Delta^2 y_t - \Delta y_t + y_t = t$ 是按照公式(9.26)定义的二阶差分方程, 又可以写成公式(9.27)的形式, 即 $y_{t+2} - 3y_{t+1} + 3y_t = t$.

② 差分方程的阶数在两种差分方程的定义中是不完全相等的.

例如, 差分方程 $\Delta^2 y_t + \Delta y_t = 0$ 按照公式(9.26)是二阶差分方程; 如将方程写成

$$(y_{t+2} - 2y_{t+1} + y_t) + (y_{t+1} - y_t) = y_{t+2} - y_{t+1} = 0,$$

则按照公式(9.27)中方程的阶数定义, 它是一阶差分方程.

在经济问题中, 我们经常遇到的是形如公式(9.27)定义的差分方程, 因此本节主要讨论形如公式(9.27)的差分方程.

如果把一个函数 $y_t = \varphi(t)$ 代入差分方程, 方程两端相等, 则称函数 $y_t = \varphi(t)$ 是差分方程的解; 如果在差分方程的解中, 含有相互独立的任意常数的个数等于差分方程的阶, 则称其为差分方程的通解; 在通解中给任意常数以确定的值, 则称其为差分方程的特解. 确定特解时所需要满足的条件称为定解条件.

例如, 对于差分方程 $5y_{t+1} + 2y_t = 0$, 把方程 $y_t = C\left(-\dfrac{2}{5}\right)^t$ 代入差分方程有

$$5C\left(-\frac{2}{5}\right)^{t+1} + 2C\left(-\frac{2}{5}\right)^t = C\left(-\frac{2}{5}\right)^t\left(-\frac{2}{5} \times 5 + 2\right) = 0,$$

所以 $y_t = C\left(-\dfrac{2}{5}\right)^t$ 是差分方程的解, 且为差分方程的通解. 而 $y_t = \left(-\dfrac{2}{5}\right)^t$ 是方程满足条件 $y_0 = 1$ 的特解.

常见的定解条件为初始条件: $y_0 = a_0, y_1 = a_1, \cdots, y_{n-1} = a_{n-1}$.

本节主要介绍了差分与差分方程的相关定义，我们知道差分是微分的离散形式，差分和差分方程与前面学习的微分和微分方程之间既有区别又紧密联系.那么对于差分方程来说，该如何求其通解呢？

练习 9.7

1. 判断下列差分方程的阶数.

（1）$3y_{t+3}-5y_{t+1}=2t^2$；　　　　　　　（2）$y_{t+5}-7y_{t-1}=0$；

（3）$2y_{t+2}-3y_{t-6}=y_{t-3}$.

2. 求下列函数的差分 $\Delta y_t,\Delta^2 y_t$.

（1）$y_t=e^t$；　　　　　　　　　　　　　（2）$y_t=\sin t$；

（3）$y_t=\ln t$；　　　　　　　　　　　　（4）$y_t=t^3+2t+\sin t$.

9.8　一阶常系数线性差分方程

一阶常系数线性差分方程

预备知识：一阶差分的定义 $\Delta y_t=y_{t+1}-y_t$，一阶差分方程的定义 $F(t,y_t,\Delta y_t)=0$；通解与特解的定义.

一阶常系数线性差分方程的一般形式为

$$y_{t+1}+ay_t=f(t) \tag{9.28}$$

如果 $f(t)=0$，则

$$y_{t+1}+ay_t=0. \tag{9.29}$$

$f(t)$ 是 t 的函数，$a\neq0$，称方程（9.28）为一阶常系数非齐次线性差分方程，方程（9.29）为其对应的齐次线性差分方程.

9.8.1　一阶常系数齐次线性差分方程的解法

把齐次线性差分方程 $y_{t+1}+ay_t=0$ 改写为

$$y_{t+1}=-ay_t. \tag{9.30}$$

假设 y_0 已知，则将 $t=1,2,\cdots$ 依次代入差分方程（9.30）中，有

$$y_1=-ay_0,y_2=-ay_1=(-a)^2y_0,y_3=-ay_2=(-a)^3y_0,\cdots.$$

一般地，$y_t=(-a)^t y_0$，则差分方程的通解为

$$y_t=C(-a)^t, \tag{9.31}$$

其中 C 为任意常数.这种求解一阶常系数齐次线性差分方程的方法称为迭代法.

【例 9.8.1】　求方程 $5y_{t+1}-y_t=0$ 的通解.

分析：本题利用式（9.31），直接代入即可得到方程的通解.

解:方程可以化为 $y_{t+1} = \dfrac{1}{5} y_t$,则由式(9.31)可得方程的通解为

$$y_t = C\left(\frac{1}{5}\right)^t.$$

9.8.2　一阶常系数非齐次线性差分方程的解法

定理 9.5　设 $\overline{y}_t$ 是一阶齐次线性差分方程(9.29)的通解,y_t^* 是常系数非齐次线性差分方程(9.28)的一个特解,则 $y_t = \overline{y}_t + y_t^*$ 是非齐次线性差分方程的通解.

求解一阶常系数非齐次线性差分方程通解常用的方法有迭代法和待定系数法,而求解一阶常系数非齐次线性差分方程特解的方法主要为待定系数法.

1. 迭代法

将方程(9.28)改写为

$$y_{t+1} = -a y_t + f(t),$$

逐步进行迭代有

$$y_1 = -a y_0 + f(0),$$
$$y_2 = -a y_1 + f(1) = (-a)^2 y_0 + (-a) f(0) + f(1),$$
$$y_3 = -a y_2 + f(2) = (-a)^3 y_0 + (-a)^2 f(0) + (-a) f(1) + f(2),$$
$$\vdots$$

由数学归纳法有

$$y_t = (-a)^t y_0 + (-a)^{t-1} f(0) + \cdots + (-a) f(t-2) + f(t-1) = (-a)^t y_0 + y_t^*,$$

$$(9.32)$$

$$y_t^* = (-a)^{t-1} f(0) + (-a)^{t-2} f(1) + \cdots + (-a) f(t-2) + f(t-1) = \sum_{i=0}^{t-1} (-a)^i f(t-i-1).$$

$$(9.33)$$

可见 y_t^* 是方程(9.28)的特解,$y_t = C(-a)^t$ 是方程(9.29)的通解.

【例 9.8.2】　求差分方程 $y_{t+1} + a y_t = b$ 的通解.

分析:本题利用式(9.32)与式(9.33),直接代入即可得到方程的通解.

解:代入式(9.32)得方程的通解为

当 $a \neq -1$ 时,　　$y_t = (-a)^t y_0 + \sum_{i=0}^{t-1} (-a)^i b = C(-a)^t + \dfrac{1-(-a)^t}{1+a} b.$

当 $a = -1$ 时,　　$y_t = C + bt.$

综上所述,差分方程的通解为

$$y_t = \overline{y}_t + y_t^* = \begin{cases} C(-a)^t + \dfrac{1-(-a)^t}{1+a} b, & a \neq -1, \\ C + bt, & a = -1. \end{cases}$$

2. 待定系数法

迭代法虽然可以求出一阶非齐次线性差分方程的通解,但是实

际应用起来比较复杂.在求解非齐次线性差分方程时选取和解常微分方程相类似的方法,根据右端自由项 $f(t)$ 的一些特殊形式,利用待定系数法来求解差分方程的特解,常见的 $f(t)$ 有以下几种表达式.

(1) $f(t) = C$(常数).

(2) $f(t) = P_n(t)$ 是 t 的 n 次多项式.

(3) $f(t) = \mu^t P_n(t)$,$\mu > 0$ 且 $\mu \neq 1$,$f(t)$ 是多项式和指数函数的乘积.

情形(1) $f(t) = C$ 为常值函数

方程变形为

$$y_{t+1} + ay_t = b(a, b \text{ 为常数}).$$

当 $a \neq -1$ 时,设差分方程的特解为 $y_t^* = \mu$(μ 为待定常数),代入差分方程得

$$\mu + a\mu = b.$$

$$\mu = \frac{b}{1+a}.$$

当 $a = -1$ 时,设差分方程的特解为

$$y_t^* = \mu t,$$

代入方程有

$$\mu(t+1) - \mu t = b,$$

即

$$\mu = b.$$

综上所述,差分方程的通解为

$$y_t = \bar{y}_t + y_t^* = \begin{cases} C(-a)^t + \dfrac{b}{1+a}, & a \neq -1, \\ C + bt, & a = -1. \end{cases}$$

【例 9.8.3】 求方程 $y_{t+1} - 2y_t = 4$ 的通解.

分析:本题利用情形(1)$f(t) = C$ 为常值函数,代入公式即可得到方程的通解.

解:因为 $a = -2 \neq -1$,所以方程的通解为

$$y_t = C \cdot 2^t - 4.$$

【例 9.8.4】 求方程 $y_{t+1} - y_t = 3$ 的通解.

解:因为 $a = -1$,所以方程的通解为

$$y_t = C + 3t.$$

情形(2) $f(t) = P_n(t)$ 是 t 的 n 次多项式

此时方程为

$$y_{t+1} + ay_t = P_n(t)(a \neq 0).$$

由差分定义

$$y_{t+1} = \Delta y_t + y_t,$$

有

$$\Delta y_t+(1+a)y_t=P_n(t). \tag{9.34}$$

因为右端 $f(t)=P_n(t)$ 是多项式,所以特解 y_t^* 也是多项式,且由前面的差分性质有,当 y_t^* 是多项式时,y_t^* 多项式的次数比 Δy_t^* 这个多项式的次数高出 1 次,故对式(9.34)有以下两种情况.

(1) 当 $a+1\neq0$,即 $a\neq-1$ 时,右端是 n 次多项式,则左端也是 n 次多项式,即设特解为

$$y_t^*=Q_n(t)=b_0+b_1t+\cdots+b_nt^n,$$

其中系数 $b_0,b_1,\cdots,b_n$ 是待定系数,将 y_t^* 代入差分方程(9.34)中,通过比较两端 t 的同次幂的系数,可以确定出系数 $b_0,b_1,\cdots,b_n$,即可以求出特解 y_t^*.

(2) 当 $a+1=0$,即 $a=-1$ 时,有

$$\Delta y_t=P_n(t).$$

则设特解为

$$y_t^*=tQ_n(t)=t(b_0+b_1t+\cdots+b_nt^n),$$

其中系数 $b_0,b_1,\cdots,b_n$ 是待定系数,将 y_t^* 代入差分方程中,通过比较两端 t 的同次幂的系数,可以确定出系数 $b_0,b_1,\cdots,b_n$,即可以求出特解 y_t^*.

综上所述,对于一阶非齐次线性差分方程(9.34),设特解 $y_t^*=t^kQ_n(t)$,其中当 $a\neq-1$ 时,$k=0$;当 $a=-1$ 时,$k=1$.

【例 9.8.5】　求方程 $y_{t+1}-2y_t=t^2$ 的通解.

分析:本题为情形(2),右端函数是多项式,利用 $a+1\neq0$ 的情形求得通解.

解:对应齐次差分方程的通解为 $y_t=C\cdot2^t$. 因为 $a=-2\neq-1$,设非齐次差分方程的特解为 $y_t^*=b_0+b_1t+b_2t^2$, 代入差分方程有

$$b_0+b_1(t+1)+b_2(t+1)^2-2(b_0+b_1t+b_2t^2)=t^2.$$

整理得

$$-b_2t^2+(2b_2-b_1)t+(b_2+b_1-b_0)=t^2,$$

即

$$b_2=-1,b_1=-2,b_0=-3.$$

则特解为

$$y_t^*=-3-2t-t^2.$$

所求差分方程的通解为

$$y_t=C\cdot2^t-3-2t-t^2.$$

【例 9.8.6】　求方程 $y_{t+1}-y_t=2t$ 满足条件 $y_0=1$ 的特解.

分析:本题为情形(2),右端函数是多项式,利用 $a+1=0$ 的情形求得特解.

解:对应齐次差分方程的通解为　$y_t=C.$

因为 $a=-1$,设非齐次差分方程的特解为　$y_t^*=t(b_0+b_1t).$

代入差分方程有

$$(t+1)[b_0+b_1(t+1)]-t(b_0+b_1t)=2t.$$

整理得

$$2b_1t+b_1+b_0=2t,$$

即

$$b_1=1,b_0=-1,$$

则特解为

$$y_t^*=t(t-1).$$

所求差分方程的通解为

$$y_t=C+t(t-1).$$

满足条件 $y_0=1$ 的特解为

$$y_t=1+t(t-1).$$

情形(3) $f(t)=\mu^tP_n(t),\mu>0$ **且** $\mu\neq1,f(t)$ **是多项式和指数函数的乘积**

此时方程为

$$y_{t+1}+ay_t=\mu^tP_n(t)(a\neq0). \tag{9.35}$$

设变换

$$y_t=\mu^tz_t,$$

代入差分方程(9.35)有

$$\mu^{t+1}z_{t+1}+a\mu^tz_t=\mu^tP_n(t).$$

由 $\mu^t\neq0$ 有

$$\mu z_{t+1}+az_t=P_n(t),$$

即

$$z_{t+1}+\frac{a}{\mu}z_t=\frac{1}{\mu}P_n(t).$$

由前面情形(2),此时可设特解为 $z_t^*=t^kQ_n(t)$,其中当 $\dfrac{a}{\mu}\neq-1$,

即 $a+\mu\neq0$ 时,$k=0$;当 $\dfrac{a}{\mu}=-1$ 即 $a+\mu=0$ 时,$k=1$.

此时,差分方程(9.35)的特解可以设为 $y_t^*=\mu^tt^kQ_n(t)$,其中当 $a+\mu\neq0$ 时,$k=0$;$a+\mu=0$ 时,$k=1$.

【例 9.8.7】 求方程 $y_{t+1}-3y_t=t\cdot5^t$ 的通解.

分析: 本题为情形(3),右端是指数函数与多项式的乘积,根据式(9.35)即求得方程的通解.

解: 对应齐次差分方程的通解为 $y_t=C\cdot3^t$,因为 $a+\mu=-3+5=2\neq0$,设非齐次差分方程的特解为 $y_t^*=(At+B)\cdot5^t$. 代入差分方程有

$$(At+A+B)\cdot5^{t+1}-3\cdot(At+B)\cdot5^t=t\cdot5^t.$$

整理得

$$(2At+5A+2B)\cdot5^t=t\cdot5^t,$$

即

$$A = \frac{1}{2}, B = -\frac{5}{4}.$$

则特解为

$$y_t^* = \left(\frac{t}{2} - \frac{5}{4}\right) \cdot 5^t.$$

所求差分方程的通解为

$$y_t = C \cdot 3^t + \left(\frac{t}{2} - \frac{5}{4}\right) \cdot 5^t.$$

【例 9.8.8】　求方程 $y_{t+1} - 2y_t = 3 \cdot 2^t$ 的通解.

分析：本题为情形（3），右端是指数函数与多项式的乘积，用与例 9.8.7 相似的方法即可求得方程的通解.

解：对应齐次差分方程的通解为 $y_t = C \cdot 2^t$. 因为 $a + \mu = -2 + 2 = 0$，设非齐次差分方程的特解为

$$y_t^* = At \cdot 2^t.$$

代入差分方程有

$$(At + A) \cdot 2^{t+1} - 2At \cdot 2^t = 3 \cdot 2^t,$$

整理得

$$2A \cdot 2^t = 3 \cdot 2^t,$$

即

$$A = \frac{3}{2}.$$

则特解为

$$y_t^* = \frac{3t}{2} \cdot 2^t.$$

所求差分方程的通解为

$$y_t = C \cdot 2^t + \frac{3t}{2} \cdot 2^t.$$

*【例 9.8.9】　在产品的生产中，t 时期该产品的价格 P_t 决定着本期该产品的需求量 Q_t，P_t 还决定着生产者在下一时期愿意提供市场的产量 S_{t+1}，因此有

$$Q_t = a - bP_t, \quad S_t = -m + nP_{t-1},$$

其中 a, b, m, n 均为正常数.假定在每一个时期中，确定价格的条件是市场售清，求价格随时间变动的规律.

分析：本题为一阶差分方程的应用问题，应用迭代法可求得方程的通解.

解：由于在每一个时期中，确定价格的条件是市场售清，即 $Q_t = S_t$，因此可得到

$$a - bP_t = -m + nP_{t-1}.$$

故 $P_t + \dfrac{n}{b} P_{t-1} = \dfrac{a+m}{b}$（其中 a, b, m, n 均为正常数）.

　　这是一个一阶常系数非齐次线性差分方程,属于右端为常数的情形.因为 $b>0, n>0$,所以 $-\dfrac{n}{b}<0$,显然 $-\dfrac{n}{b}\neq 1$,从而方程的特解为

$$P_t^* = \frac{a+m}{b+n},$$

而相应齐次方程的通解为

$$\overline{P_t} = C\left(-\frac{n}{b}\right)^t.$$

　　故问题的通解为

$$P_t = \frac{a+m}{b+n} + C\left(-\frac{n}{b}\right)^t.$$

　　当 $t=0$ 时,$P_t=P_0$(初始价格),代入得 $C=P_0-\dfrac{a+m}{b+n}$.即满足初始条件 $t=0$ 时,$P_t=P_0$ 的特解为

$$P_t = \frac{a+m}{b+n} + \left(P_0-\frac{a+m}{b+n}\right)\left(-\frac{n}{b}\right)^t.$$

　　这就是价格随时间变动的规律,这一结论也说明了市场价格趋向的种种形态.现就 $-\dfrac{n}{b}$ 的不同情况加以分析:

　　(1) 若 $\left|-\dfrac{n}{b}\right|<1$,则

$$\lim_{t\to+\infty} P_t = \frac{a+m}{b+n} = P_t^*,$$

这说明市场价格趋于平衡,且特解 $P_t^* = \dfrac{a+m}{b+n}$ 是一个平衡价格.

　　(2) 若 $\left|-\dfrac{n}{b}\right|>1$,则

$$\lim_{t\to+\infty} P_t = \infty,$$

这说明此情况下,市场价格波动越来越大.

　　(3) 若 $\left|-\dfrac{n}{b}\right|=1$,即 $-\dfrac{n}{b}=-1$,则

$$P_{2t}=P_0, \quad P_{2t+1}=2P_t^*-P_0,$$

这说明市场价格呈周期变化.

　　本节主要介绍了一阶线性差分方程的定义及求解方法,通过迭代法与待定系数法可以求解出一阶齐次线性差分方程的通解.对于一阶非齐次线性差分方程的解法,它与齐次差分方程之间既有紧密联系又有区别,其解法要复杂得多.那么对于高阶的差分方程来说,迭代法与待定系数法还能够适用吗?高阶微分方程该如何求其通解呢?有兴趣的同学可以查阅相关资料,本书不再介绍.

练习 9.8

求下列方程的解.

（1）$3y_{t+1}+2y_t=1$；　　（2）$4y_{t+1}-4y_t=7$；

（3）$2y_{t+1}-3y_t=3+t$；　　（4）$y_{t+1}-y_t=t^2$ 满足条件 $y_0=2$ 的特解；

（5）$y_{t+1}+y_t=t\cdot3^t$.

我们学习了微分方程与差分方程的定义与求解方法,以后还会继续学习把微分方程与差分方程应用于经济学的相关知识.

本 章 小 结

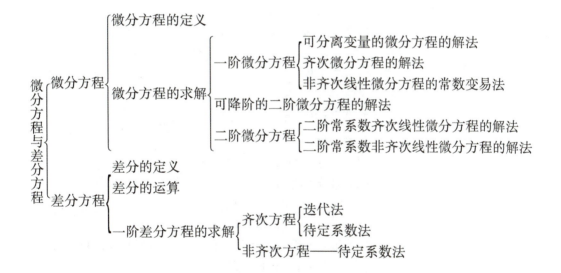

复习题 9

1. 判断对错.

（1）在微分方程的解中,含有任意常数的解称为微分方程的通解;

（2）若 y_1,y_2 是 $y''+Py'+Qy=0$ 的两个特解,则此方程的通解为 $y=C_1y_1+C_2y_2$;

（3）若 y^* 是二阶非齐次线性方程 $y''+Py'+Qy=f$ 的一个特解, y_* 是对应的齐次方程 $y''+Py'+Qy=0$ 的解,则 y^*+y_* 是上述非齐次方程的通解;

（4）对于以 $y=y(x)$ 为未知函数的二阶微分方程,确定其特解

的初始条件为 $y_0 = y(x_0)$，$y_1 = y'(x_0)$；

（5）常系数二阶微分方程 $y'' + Py' + Q = 0$ 的特征方程有重根 r 时，$y_1 = e^{rx}$ 和 $y_2 = xe^{rx}$ 是其线性无关解.

2. 选择题.

（1）设非齐次线性微分方程 $y' + p(x)y = q(x)$ 有两个不同的解 $y_1(x)$，$y_2(x)$，C 为任意常数，则该方程的通解是（　　）.

A. $C[y_1(x) - y_2(x)]$

B. $y_1(x) + C[y_1(x) - y_2(x)]$

C. $C[y_1(x) + y_2(x)]$

D. $y_1(x) + C[y_1(x) + y_2(x)]$

（2）设 y_1，y_2 是一阶非齐次线性微分方程 $y' + p(x)y = q(x)$ 的两个特解，若常数 λ，μ 使 $\lambda y_1 + \mu y_2$ 是该方程的解，$\lambda y_1 - \mu y_2$ 是该方程所对应的齐次方程的解，则（　　）.

A. $\lambda = \dfrac{1}{2}$，$\mu = \dfrac{1}{2}$

B. $\lambda = -\dfrac{1}{2}$，$\mu = -\dfrac{1}{2}$

C. $\lambda = \dfrac{2}{3}$，$\mu = \dfrac{1}{3}$

D. $\lambda = \dfrac{2}{3}$，$\mu = \dfrac{2}{3}$

3. 填空题.

（1）差分方程 $y_{t+1} - y_t = t \cdot 2^t$ 的通解为＿＿＿＿.

（2）微分方程 $xy' + y = 0$ 满足初始条件 $y(1) = 2$ 的特解为＿＿＿＿.

（3）微分方程 $\dfrac{dy}{dx} = \dfrac{y}{x} - \dfrac{1}{2}\left(\dfrac{y}{x}\right)^3$ 满足 $y\big|_{x=1} = 1$ 的特解为＿＿＿＿.

（4）微分方程 $xy' + y = 0$ 满足初始条件 $y(1) = 1$ 的特解为＿＿＿＿.

4. 求下列一阶微分方程的解.

（1）$xe^{2y}dy = (x^2 + 1)dx$；

（2）$y' = \dfrac{y}{x}(1 + \ln y - \ln x)$；

（3）$\dfrac{dy}{dx} - 2xy = xe^{-x^2}$；

（4）$y - xy' = a(y^2 + y')$；

（5）$(2x^2 + 3y^2)dy + xy dx = 0$；

（6）$x^2 dy + (2xy - x + 1)dx = 0$；

（7）$y' = \dfrac{y}{2x - y^2}$.

5. 求下列二阶微分方程的解.

（1）方程 $y'' = 2yy'$ 满足条件 $y\big|_{x=0} = y'\big|_{x=0} = 1$ 的特解；

（2）方程 $y''=\dfrac{1}{x}y'+xe^{x}$ 满足条件 $y\big|_{x=1}=1,y'\big|_{x=1}=e$ 的特解；

（3）方程 $y''-6y'+9y=14$ 的通解；

（4）方程 $2y''+5y'+2y=5x^{2}-2x+1$ 的通解；

（5）方程 $y''+y'=e^{-x}$ 的通解；

（6）方程 $y''-2y'-3y=e^{-x}+3x+1$ 的通解；

（7）方程 $y''+a^{2}y=\sin x$ 的通解；

（8）方程 $y''+2y'+5y=5e^{-x}\cos 2x$ 的通解；

（9）方程 $y''+y'-2y=8\sin 2x+5$ 的通解；

（10）方程 $yy''-2yy'\ln y=\left(y'\right)^{2}$ 满足条件 $y\big|_{x=0}=y'\big|_{x=0}=1$ 的特解.

6. 求下列差分方程的解.

（1）$y_{t+1}-y_{t}=t\cdot 2^{t}$；

（2）$y_{t+1}-5y_{t}=4$；

（3）$y_{t+1}-ay_{t}=e^{bt}$；

（4）$y_{t+1}-y_{t}=5$；

（5）$y_{t+1}+2y_{t}=t^{2}$；

（6）$y_{t+1}-y_{t}=4t$.

【阅读 9】

古代中国在数学史上的贡献

希腊发展出了几何，在代数方面却只有极少的成果，他们的"数学"只限于圆规和直尺做出的图形，他们认为几何是数学的唯一形式和方法，因此他们忽略了无理数的概念，大大阻碍了数学发展.文艺复兴之前，欧洲数学也没有较好发展，直至近代.有证据表明，欧洲近代数学不是凭空而来的，极有可能受到了中国的影响.例如 14 世纪建立的横跨欧亚大陆的帖木儿帝国的杰出学者阿尔卡西的数学著作中，很多问题都与中国数学相似，甚至解题步骤都完全相同，这绝不是巧合.甚至还有证据表明，13 世纪，中国数学就已经通过蒙古传入欧洲了.

中国古代数学家成就卓著，举例如下.

一、《周髀算经》

1.计算了日影长度，并计算了地面任何一点到太阳的距离；2.介绍了分数乘除法、分数的应用和公分母求法；3.记载"勾平方加股平方等于弦平方"及"勾股开方得弦长"方法；4.介

绍了割圆术.

二、中国古代第一部数学专著《九章算术》

1.世界最早发现最小公倍数，欧洲在公元 13 世纪才发现；2.世界最早提出按比例配分法；3.联立一次方程；4.阐明二次方程解法；5.用消元法解三元一次方程组，比欧洲同类解法早约 1500 年；6.已知图形面积和体积求边长；7.提出开平方、开立方的方法；8.世界上首次提出的概念并提出负数运算法则；9.世界首次给出分数约分及加减乘除四则运算法则，印度直到 7 世纪才出现分数运算，而欧洲直到 15 世纪才逐渐出现分数运算的一般法则；10.首次应用直线内插法，又叫作一次内插法，用以解决实际问题，17 世纪，牛顿才提出并写在《自然哲学的数学原理》中；11.赢不足问题的解法，又叫作试位法、假设法，在世界数学史上享有崇高地位，阿拉伯早期著作中称之为"中国算法"，13 世纪，意大利数学家斐波那契又将之介绍至欧洲，中国赢不足问题解法是欧洲 16~17 世纪类似问题的首选算法.今天在高等数学领域，有些特殊方程的

解仍要用到这一算法.

三、给《九章算术》做注的刘徽

主张用逻辑推理证明数学命题;世界首次在理论上明确了分数性质,首次提出十进分数制;对正负数给出明确定义;得出很多体积公式,论证了圆与其外切正方形面积之比为 π:4,论证了圆锥体与其外切正棱锥体积比为 π:4,论证了球体积与其外切牟合方盖(每一个横切面都是正方形且都外接于球体在同一高度的横切面的圆形)的体积比为 π:4,并希望用这个方法得出球体积公式,但没有得出精确结果;用"出入相补"原理证明了勾股定理和许多面积和体积的公式;创立割圆术(割之弥细,所失弥少,割之又割,以至于不可割,则与圆周合体而无所失也,这体现了极限概念),系统而严密地用内接正多边形的面积求 π 值.这个过程是通过建立不等式,并反复用勾股定理,求得边数为 2N 的正多边形边长,内接正192边形时,得3.1416,这个数值当时已经世界领先;有德国数学家称,π 值的精确程度是衡量古代国家数学发展水平的重要标志;刘徽用多种方法证明了勾股定理;刘徽注《九章算术》的时候又著《重差》,又叫作《海岛算经》,阐明了相似三角形的性质和应用,总结、发展了"二重差方算法",可以解决当时看来非常复杂的测望问题,可以做到四次测望;关于测量问题,给出了测量远处岛屿高度、远处山上树木高度、远处城郭大小、远处河口宽度、涧谷深度的方法,直到15~16世纪,欧洲数学书籍中才出现两次测望这种简单的问题.

四、唐代一行——世界首创不等间距二次内插法公式;世界最早测量子午线;发现太阳在黄道上运行规律.

五、贾宪——世界首次揭示二项式高次幂展开式各项系数遵循规律.

六、秦九韶——世界首次提出高次方程(高达十次)的数值解法,并提出正负开方多达九次的乘方.欧洲直到18世纪才提出三次方程的一般解法,至于高次方程,直到19世纪初,

霍纳才发展出了类似的方法;系统地论证了一次同余定理,这属于数论领域的杰出贡献,直到欧拉和高斯出现,西方才提出这个问题,并命名为高斯定理;提出三斜求积术公式(用三角形的三条边长求三角形面积).

七、李冶——发明天元术(根据已知条件和未知条件列方程,设"天元一"为未知数,相当于设未知数为 X,根据已知条件建立方程,这属于一元方程,是代数学的重大进展),一元高次方程的解法,克服了数学中建立方程的困难,找到了建立方程的好方法.

八、沈括——第一次提出高阶等差数列求和公式.沈括提出的造微之术,体现了无穷小求和的思想,同大约600年后的意大利数学家卡瓦列利的思想完全一致.

九、杨辉——世界首创杨辉三角,这是具有世界意义的数学成就.17世纪,法国数学家帕斯卡才发现这种三角,并命名其为帕斯卡三角.杨辉世界上首次阐述小数的概念,并为小数定义了专有名词,与极限概念密不可分,这直至16世纪欧洲才发现;首次引用"增乘开方法",与19世纪欧洲霍纳发明方法相同.给出级数 $1+(1+2)+\cdots+(1+2+\cdots N)$ 和 $1^2+2^2+\cdots+N^2$ 的求和公式.

十、朱世杰——世界首创开任意高次幂"增乘开方法",很容易推广到高次方程正根求法(剩余定理、高次方程解法等,都是现在数论范畴),领先欧洲700年;世界首次提出四元高次联立方程消元解法;得出高阶级数的内插法公式,得出一系列高阶等差级数求和公式(朱世杰高阶等差级数求和公式直到欧洲牛顿的出现才给出了相同结果),并创造了研究高阶等差级数的一般方法.我们高中时代所学公式 $S_n=na_1+\dfrac{n(n+1)}{2}d$ 不过是朱世杰给出的高阶等差级数求和公式在特殊条件下的一个特殊形式.不仅如此,我们高中所学的很多级数求和公式都不过是朱世杰创造的求和公式的特例.西方数学史家称之为:"不仅是其所生时代,同时也是一位贯穿古今的杰出数学家."

十一、郭守敬——集中国古代数学之大乘,创造球面割圆术,提出两个球面三角学公式,当时堪称世界领先;完成新历法,精确计算出一年的长度为 365.2425 天,和地球绕太阳一周的实际时间仅差 26 秒,16 世纪欧洲的历法周期才与郭守敬的计算结果一致.

总而言之,这些成就很多都是用代数方法解决几何问题,已经达到了解析几何的大门,就差在微积分方面登堂入室了.这些取得的成就,只有古希腊数学可以媲美,相比之下,欧洲在 17 世纪之后才取得类似的结果.事实上,自古希腊灭亡后直到文艺复兴时期,欧洲没有太多数学成就,连希腊几何学也不清楚,可以说,古希腊发展了几何,中国发展了代数,同期西方望尘莫及.遗憾的是,至明清,中国的数学发展几乎完全停滞了,甚至很多数学专著失传,到明清止步不前.这其中有各种原因,有说毛笔不便书写的,有说文言文的模糊性导致叙述模糊的,有说中国地理环境封闭而得不到交流的.而欧洲,吸收了古希腊和阿拉伯、中国等很多文明成就,终于在 16 世纪以后发明了简便的数学符号,建立了坐标系,将代数与坐标系联系了起来,从此大放异彩,走上科学之路.

参 考 答 案

练习 6.1

1. 略

2. (1) $(1,1,-1),(-1,1,1),(1,-1,1)$； (2) $(1,-1,-1),(-1,1,-1),(-1,-1,1)$；
  (3) $(-1,-1,-1)$.

3. $(0,1,-2)$.

4. 略

5. 以 $(1,-2,-1)$ 为球心，半径为 $\sqrt{6}$ 的球面.

6. $x^2+y^2+z^2-2x-6y+4z=0$.

7. $x-3y-2z=0$.

8. (1) yOz 平面； (2) 平行于 xOz 面的平面； (3) 平行于 z 轴的平面； (4) 包含 z 轴的平面；

9. $y^2+z^2=3x$.

10. $3x^2-4(y^2+z^2)=18,3(x^2+z^2)-4y^2=18$.

11~13 略.

练习 6.2

1. $(xy)^{x+y}$.

2. (1) $\{(x,y)\mid y^2-2x+1>0\}$； (2) $\{(x,y)\mid x+y>0,x-y>0\}$；
  (3) $\{(x,y)\mid y-x>0,x\geqslant 0,x^2+y^2<1\}$；
  (4) $\{(x,y,z)\mid x^2+y^2-z^2\geqslant 0,x^2+y^2\neq 0\}$.

3. (1) 1； (2) ln2； (3) $-\dfrac{1}{4}$； (4) 2.

4. (1) $(0,0)$； (2) $\{(x,y)\mid y^2-2x=0\}$； (3) $\{(x,y)\mid x^2+y^2\geqslant 1\}$.

5. 略.

练习 6.3

1. 1,1.

2. (1) $\dfrac{\partial z}{\partial x}=3x^2y-y^3,\dfrac{\partial z}{\partial y}=x^3-3xy^2$；

  (2) $\dfrac{\partial z}{\partial x}=\dfrac{1}{y}\cos\dfrac{x}{y}\cos\dfrac{y}{x}+\dfrac{y}{x^2}\sin\dfrac{x}{y}\sin\dfrac{y}{x},\dfrac{\partial z}{\partial y}=-\dfrac{x}{y^2}\cos\dfrac{x}{y}\cos\dfrac{y}{x}-\dfrac{1}{x}\sin\dfrac{x}{y}\sin\dfrac{y}{x}$；

  (3) $\dfrac{\partial z}{\partial x}=\dfrac{1}{2x\sqrt{\ln(xy)}},\dfrac{\partial z}{\partial y}=\dfrac{1}{2y\sqrt{\ln(xy)}}$；

  (4) $\dfrac{\partial z}{\partial x}=y[\cos(xy)-\sin(2xy)],\dfrac{\partial z}{\partial y}=x[\cos(xy)-\sin(2xy)]$；

  (5) $\dfrac{\partial z}{\partial x}=y^2(1+xy)^{y-1},\dfrac{\partial z}{\partial y}=(1+xy)^y\left[\ln(1+xy)+\dfrac{xy}{1+xy}\right]$；

  (6) $\dfrac{\partial z}{\partial x}=\dfrac{y}{z}x^{\frac{y}{z}-1},\dfrac{\partial u}{\partial x}=\dfrac{1}{z}x^{\frac{y}{z}}\ln x,\dfrac{\partial u}{\partial z}=-\dfrac{y}{z^2}x^{\frac{y}{z}}\ln x$；

$(7)\dfrac{\partial z}{\partial x}=\dfrac{2}{y}\csc\dfrac{2x}{y},\dfrac{\partial z}{\partial y}=-\dfrac{2x}{y^2}\csc\dfrac{2x}{y};$

$(8)\dfrac{\partial z}{\partial x}=\dfrac{z(x-y)^{z-1}}{1+(x-y)^{2z}},\dfrac{\partial u}{\partial y}=-\dfrac{z(x-y)^{z-1}}{1+(x-y)^{2z}},\dfrac{\partial u}{\partial z}=\dfrac{(x-y)^z\ln(x-y)}{1+(x-y)^{2z}}.$

3. 略.

4. $\dfrac{\pi}{4}$.

5. $(1)\dfrac{\partial^2 z}{\partial x^2}=12x^2-8y^2,\dfrac{\partial^2 z}{\partial y^2}=12y^2-8x^2,\dfrac{\partial^2 z}{\partial x\partial y}=-16xy;$

$(2)\dfrac{\partial^2 z}{\partial x^2}=y^2\mathrm{e}^{xy},\dfrac{\partial^2 z}{\partial y^2}=x^2\mathrm{e}^{xy},\dfrac{\partial^2 z}{\partial x\partial y}=\mathrm{e}^{xy}+xy\mathrm{e}^{xy};$

$(3)\dfrac{\partial^2 z}{\partial x^2}=\dfrac{2xy}{(x^2+y^2)^2},\dfrac{\partial^2 z}{\partial y^2}=-\dfrac{2xy}{(x^2+y^2)^2},\dfrac{\partial^2 z}{\partial x\partial y}=\dfrac{y^2-x^2}{(x^2+y^2)^2};$

$(4)\dfrac{\partial^2 z}{\partial x^2}=y^x\cdot\ln^2 y,\dfrac{\partial^2 z}{\partial y^2}=x(x-1)y^{x-2},\dfrac{\partial^2 z}{\partial x\partial y}=y^{x-1}(1+x\ln y).$

6. $f_{xx}(0,0,1)=2,f_{xz}(1,0,2)=2,f_{yz}(0,-1,0)=0,f_{zzx}(2,0,1)=0.$

练习 6.4

1. $(1)\left(y+\dfrac{1}{y}\right)\mathrm{d}x+x\left(1-\dfrac{1}{y^2}\right)\mathrm{d}y;$

$(2)-\dfrac{x}{(x^2+y^2)^{3/2}}(y\mathrm{d}x-x\mathrm{d}y);$

$(3)[\cos(x-y)-x\sin(x-y)]\mathrm{d}x+x\sin(x-y)\mathrm{d}y;$

$(4)\mathrm{e}^{xy}(y\mathrm{d}x+x\mathrm{d}y);$

$(5)x^{yz}\left(\dfrac{yz}{x}\mathrm{d}x+z\ln x\mathrm{d}y+y\ln x\mathrm{d}z\right);$

$(6)\dfrac{2}{x^2+y^2+z^2}(x\mathrm{d}x+y\mathrm{d}y+z\mathrm{d}z).$

2. $\dfrac{1}{3}\mathrm{d}x+\dfrac{2}{3}\mathrm{d}y.$

3. $\Delta z=-0.119,\mathrm{d}z=-0.125.$

4. $2.95.$

5. $2.039.$

练习 6.5

1. $\dfrac{\partial z}{\partial x}=x\mathrm{e}^{x^3-y^3}(2+3x^3+3xy^2),\dfrac{\partial z}{\partial y}=y\mathrm{e}^{x^3-y^3}(2-3x^2y-3y^3).$

2. $\dfrac{\partial z}{\partial x}=\dfrac{2u\ln v}{y}+\dfrac{3u^2}{v},\dfrac{\partial z}{\partial y}=\dfrac{-2ux\ln v}{y^2}-\dfrac{2u^2}{v}.$

3. $\dfrac{\mathrm{d}z}{\mathrm{d}t}=\mathrm{e}^{\sin t-2t^3}(\cos t-6t^2).$

4. $\dfrac{\mathrm{d}z}{\mathrm{d}x}=\dfrac{\mathrm{e}^x(1+x)}{1+x^2\mathrm{e}^{2x}}$.

5. (1) $u_x=2xf'_1+y\mathrm{e}^{xy}f'_2$，$u_y=-2yf'_1+x\mathrm{e}^{xy}f'_2$；

(2) $u_x=\dfrac{1}{y}f'_1$，$u_y=-\dfrac{x}{y^2}f'_1+\dfrac{1}{z}f'_2$，$u_z=-\dfrac{y}{z^2}f'_2$；

(3) $u_x=f'_1+yf'_2+yzf'_3$，$u_y=xf'_2+xzf'_3$，$u_z=xyf'_3$.

6. 略.

7. $\dfrac{\mathrm{d}y}{\mathrm{d}x}=\dfrac{x+y}{x-y}$.

8. $\dfrac{\mathrm{d}y}{\mathrm{d}x}=\dfrac{y^2-\mathrm{e}^x}{\cos y-2xy}$.

9. $\dfrac{\partial z}{\partial x}=\dfrac{z}{x+z}$，$\dfrac{\partial z}{\partial y}=\dfrac{z^2}{y(x+z)}$.

10. $\dfrac{\partial z}{\partial x}=\dfrac{yz-\sqrt{xyz}}{\sqrt{xyz}-xy}$，$\dfrac{\partial z}{\partial y}=\dfrac{xz-2\sqrt{xyz}}{\sqrt{xyz}-xy}$.

练习 6.6

1. (1) 极大值为 0；　(2) 极大值为 8；　(3) 极小值为 -1.

2. (1) $\dfrac{1}{8}$；　(2) $\pm\sqrt{5}$；　*(3) 9.

3. 长、宽都是 $\sqrt[3]{2k}$，高为 $\dfrac{1}{2}\sqrt[3]{2k}$ 时，表面积最小.

4. 长为 $\dfrac{P}{3}$，宽为 $\dfrac{2P}{3}$.

复习题 6

1. (1) 充分,必要；　(2) 必要,充分；　(3) 充分.

2. (1) B；　(2) B；　(3) D；　(4) C；　(5) C.

3. $\{(x,y)\mid 0<x^2+y^2<1,y^2\le 4x\}$，$\dfrac{\sqrt{2}}{\ln\dfrac{3}{4}}$.

4. 略.

5. $f_x(x,y)=\begin{cases}\dfrac{2xy^3}{(x^2+y^2)^2}, & x^2+y^2\ne 0,\\ 0, & x^2+y^2=0,\end{cases}$　$f_y(x,y)=\begin{cases}\dfrac{x^2(x^2-y^2)}{(x^2+y^2)^2}, & x^2+y^2\ne 0,\\ 0, & x^2+y^2=0.\end{cases}$

6. (1) $\dfrac{\partial w}{\partial x}=f'_1+yzf'_2$，$\dfrac{\partial^2 w}{\partial x\partial z}=f''_{11}+y(x+z)f''_{12}+yf'_2+xy^2zf''_{22}$；

(2) $\dfrac{\partial z}{\partial x}=(v\cos v-u\sin v)\mathrm{e}^{-u}$，$\dfrac{\partial z}{\partial y}=(u\cos v+v\sin v)\mathrm{e}^{-u}$.

7. 略.

8. 略.

9. 略.

10.（1）极小值为 1；　（2）$\dfrac{11}{2}$.

11. 2.

12. 圆柱高为 $\dfrac{18\sqrt{5}}{5}$ m，圆锥高为 $\left(\dfrac{50}{3\pi}-\dfrac{9\sqrt{5}}{5}\right)$ m.

练习 7.1

1. 2π.

2. 分析：由二重积分的几何意义可知，$\displaystyle\iint\limits_{D}f(x,y)\,\mathrm{d}\sigma$ 是半个球体的体积，其值为 $\dfrac{2}{3}\pi R^3$. D 的面积

　　$A=\pi R^2$，故在 D 上，$f(x,y)$ 的平均值为 $f(\xi,\eta)=\dfrac{1}{A}\displaystyle\iint\limits_{D}f(x,y)\,\mathrm{d}\sigma=\dfrac{2}{3}R$.

3. $\displaystyle\iint\limits_{D}\ln(x+y)\,\mathrm{d}x\mathrm{d}y<\iint\limits_{D}\left[\ln(x+y)\right]^2\mathrm{d}x\mathrm{d}y$.

4. $0\leqslant\displaystyle\iint\limits_{D}xy(x+y)\,\mathrm{d}x\mathrm{d}y\leqslant 2$.

5. 略.
6. 略.

练习 7.2

1.（1）$\displaystyle\int_{-1}^{0}\mathrm{d}x\int_{0}^{1+x}f(x,y)\,\mathrm{d}y+\int_{0}^{1}\mathrm{d}x\int_{0}^{1-x}f(x,y)\,\mathrm{d}y$ 或 $\displaystyle\int_{0}^{1}\mathrm{d}y\int_{y-1}^{1-y}f(x,y)\,\mathrm{d}x$；

　　（2）$\displaystyle\int_{1}^{3}\mathrm{d}x\int_{\frac{1}{x}}^{x}f(x,y)\,\mathrm{d}y$ 或 $\displaystyle\int_{\frac{1}{3}}^{1}\mathrm{d}y\int_{\frac{1}{y}}^{3}f(x,y)\,\mathrm{d}x+\int_{1}^{3}\mathrm{d}y\int_{y}^{3}f(x,y)\,\mathrm{d}x$；

　　（3）$\displaystyle\int_{a}^{b}\mathrm{d}y\int_{y}^{b}f(x,y)\,\mathrm{d}x$ 或 $\displaystyle\int_{a}^{b}\mathrm{d}x\int_{a}^{x}f(x,y)\,\mathrm{d}y$.

2.（1）$\dfrac{\pi^2}{4}$；　（2）$\pi^2-\dfrac{40}{9}$；　（3）$\mathrm{e}-\mathrm{e}^{-1}$；　（4）$\dfrac{9}{8}\ln 3-\ln 2-\dfrac{1}{2}$；

　　（5）$\dfrac{2}{3}$；　（6）$\dfrac{1}{15}$；　（7）$\dfrac{5}{6}$；　（8）$\dfrac{51}{20}$.

3.（1）$\displaystyle\int_{0}^{1}\mathrm{d}x\int_{x^2}^{x}f(x,y)\,\mathrm{d}y=\int_{0}^{1}\mathrm{d}y\int_{y}^{\sqrt{y}}f(x,y)\,\mathrm{d}x$；

　　（2）$\displaystyle\int_{0}^{4}\mathrm{d}x\int_{2-\frac{x}{2}}^{\sqrt{4-x}}f(x,y)\,\mathrm{d}y=\int_{0}^{2}\mathrm{d}y\int_{4-2y}^{4-y^2}f(x,y)\,\mathrm{d}x$；

　　（3）$\displaystyle\int_{0}^{1}\mathrm{d}x\int_{0}^{x}f(x,y)\,\mathrm{d}y+\int_{1}^{2}\mathrm{d}x\int_{0}^{2-x}f(x,y)\,\mathrm{d}y=\int_{0}^{1}\mathrm{d}y\int_{y}^{2-y}f(x,y)\,\mathrm{d}x$；

　　（4）$\displaystyle\int_{-R}^{R}\mathrm{d}x\int_{0}^{\sqrt{R^2-x^2}}f(x,y)\,\mathrm{d}y=\int_{0}^{R}\mathrm{d}y\int_{-\sqrt{R^2-y^2}}^{\sqrt{R^2-y^2}}f(x,y)\,\mathrm{d}x$；

　　（5）$\displaystyle\int_{0}^{2}\mathrm{d}x\int_{0}^{x}f(x,y)\,\mathrm{d}y+\int_{2}^{2\sqrt{2}}\mathrm{d}x\int_{0}^{\sqrt{8-x^2}}f(x,y)\,\mathrm{d}y=\int_{0}^{2}\mathrm{d}y\int_{y}^{\sqrt{8-y^2}}f(x,y)\,\mathrm{d}x$.

4. πa^2.

5. $\dfrac{55}{6}$.

6. 略.

7. $\dfrac{\pi}{4}a^6$.

8. $\dfrac{\pi}{4}(\mathrm{e}-1)$.

9. $\dfrac{15}{16}$.

10. $\dfrac{\pi}{2}-\ln2$.

11. $\displaystyle\int_0^{\frac{\pi}{3}}\mathrm{d}\varphi\int_0^2 f(\rho\cos\varphi,\rho\sin\varphi)\rho\mathrm{d}\rho$.

* 练习 7.3

1. $2a^2(\pi-2)$.

2. $16R^2$.

3. $(1)\,\bar{x}=\dfrac{3}{5}x_0,\bar{y}=\dfrac{3}{8}y_0$;　$(2)\,\bar{x}=\dfrac{b^2+ab+a^2}{2(a+b)},\bar{y}=0$.

4. $(1)\,I_y=\dfrac{1}{4}\pi a^3 b$;　$(2)\,I_x=\dfrac{1}{3}ab^3,I_y=\dfrac{1}{3}ba^3$.

* 练习 7.4

1. $(1)\displaystyle\int_{-1}^1\mathrm{d}x\int_{-\sqrt{1-x^2}}^{\sqrt{1-x^2}}\mathrm{d}y\int_{x^2+y^2}^1 f(x,y,z)\mathrm{d}z$;　$(2)\displaystyle\int_{-1}^1\mathrm{d}x\int_{-\sqrt{1-x^2}}^{\sqrt{1-x^2}}\mathrm{d}y\int_{x^2+2y^2}^{2-x^2} f(x,y,z)\mathrm{d}z$.

2. $(1)\,\dfrac{1}{364}$;　$(2)\,\dfrac{1}{48}$.

3. $(1)\,\dfrac{7\pi}{12}$;　$(2)\,\dfrac{16\pi}{3}$.

复习题 7

1. $\displaystyle\iint\limits_{D}(x+y)^2\mathrm{d}x\mathrm{d}y\geqslant\iint\limits_{D}(x+y)^3\mathrm{d}x\mathrm{d}y$.

2. $\dfrac{1}{2}\leqslant\displaystyle\iint\limits_{D}(1+x+y)\mathrm{d}x\mathrm{d}y\leqslant1$.

3. $\dfrac{1}{24}$.

4. $-6\pi^2$.

5. $\displaystyle\int_1^4\mathrm{d}y\int_{\sqrt{y}}^2 f(x,y)\mathrm{d}x$.

6. $\displaystyle\int_{\frac{\pi}{4}}^{\frac{\pi}{3}}\mathrm{d}\theta\int_0^{\csc\theta} f(r^2)r\mathrm{d}r$.

7. $\pi(1-\mathrm{e}^{-1})$.

8. $\dfrac{A^2}{2}$.

*9. 略.

*10. 略.

练习 8.1

1.（1）$\dfrac{1}{2n-1}$；　（2）$n\ln\dfrac{n}{n+1}$；　（3）$(-1)^{n-1}\dfrac{n+1}{n}$；　（4）$\dfrac{x^{\frac{n}{2}}}{2\cdot4\cdot6\cdots(2n)}$.

2.（1）收敛,和为$\dfrac{3}{2}$；　（2）发散；　（3）收敛,和为$\dfrac{1}{4}$；　（4）发散；　（5）发散；

（6）收敛,和为$\dfrac{1}{2}$；　（7）发散；　（8）发散；　（9）发散；　（10）发散；　（11）发散；

（12）发散.

练习 8.2

1.（1）收敛；　（2）收敛；　（3）$\begin{cases}a>1,收敛,\\ a\le1,发散；\end{cases}$　（4）收敛；　（5）发散；　（6）收敛.

2.（1）收敛；　（2）发散；　（3）发散；　（4）收敛；　（5）$\begin{cases}a>1,收敛,\\ a\le1,发散；\end{cases}$

（6）收敛；　（7）发散；　（8）收敛.

3.（1）收敛；　（2）收敛；　（3）收敛.

4.（1）收敛；　（2）发散；　（3）收敛；　（4）发散.

5.（1）条件收敛；　（2）条件收敛；　（3）发散；　（4）绝对收敛；　（5）绝对收敛；

（6）绝对收敛；　（7）$p>1$ 时绝对收敛,$0<p\le1$ 时条件收敛；

（8）$|a|<1$ 时绝对收敛,$|a|>1$ 时发散,$a=1$ 时条件收敛,$a=-1$ 时发散；

（9）绝对收敛.

练习 8.3

1.（1）$(-1,1)$；　（2）$(-\mathrm{e},\mathrm{e})$；　（3）$[-3,3]$；　（4）$[-1,1]$；　（5）$(-\infty,+\infty)$；

（6）$(-\sqrt{2},\sqrt{2})$；　（7）$(-2,0)$；　（8）$x=-3$；　（9）$[4,6]$.

2.（1）$s(x)=-\ln(1+x),x\in(-1,1]$；　（2）$s(x)=\dfrac{2x}{(1-x^2)^2},x\in(-1,1)$；

（3）$s(x)=\begin{cases}\dfrac{x}{1-x}+1+\dfrac{1}{x}\ln(1-x),&-1<x<0\cup0<x<1,\\ 0,&x=0；\end{cases}$

（4）$s(x)=\dfrac{x^2}{(1-x)^3},x\in(-1,1)$；

（5）$s(x)=\dfrac{3x-x^2}{(1-x)^2},x\in(-1,1)$.

3.（1）设$f(x)=\displaystyle\sum_{n=2}^{\infty}\dfrac{1}{n(n-1)}x^n$,则 $s(x)=(1-x)\ln(1-x)+x$,$s\left(\dfrac{1}{3}\right)=\dfrac{2}{3}\ln\dfrac{2}{3}+\dfrac{1}{3}$；

(2) 设 $f(x) = \sum_{n=1}^{\infty} nx^n$，则 $s(x) = \dfrac{x}{(1-x)^2}$，$s\left(\dfrac{1}{a}\right) = \dfrac{a}{(a-1)^2}$；

(3) 设 $f(x) = \sum_{n=1}^{\infty} n(n+1)x^n$，则 $s(x) = \dfrac{2x}{(1-x)^3}$，$s\left(\dfrac{1}{2}\right) = 8$.

练习8.4

1. (1) $\dfrac{e^x + e^{-x}}{2} = 1 + \dfrac{x^2}{2!} + \dfrac{x^4}{4!} + \cdots + \dfrac{x^{2n}}{(2n)!} + \cdots \ (-\infty < x < +\infty)$；

(2) $\dfrac{1}{x^2 + 4x - 12} = \sum_{n=0}^{\infty} -\dfrac{1}{8}\left[\dfrac{1}{2^{n+1}} + (-1)^n \dfrac{1}{6^{n+1}}\right] x^n \ (-1 < x < 1)$；

(3) $x^2 e^{-x} = \sum_{n=0}^{\infty} \dfrac{(-x)^{n+2}}{n!} \ (-\infty < x < +\infty)$；

(4) $\sin^2 x = \sum_{n=1}^{\infty} (-1)^{n-1} \dfrac{(2x)^{2n}}{2(2n)!} \ (-\infty < x < +\infty)$；

(5) $\ln(a+x) = \ln a + \sum_{n=1}^{\infty} (-1)^{n-1} \dfrac{1}{n}\left(\dfrac{x}{a}\right)^n \ (-a < x \leqslant a)$；

(6) $\dfrac{x}{\sqrt{1+x^2}} = x + \sum_{n=1}^{\infty} (-1)^n \dfrac{2(2n)!}{(n!)^2}\left(\dfrac{x}{2}\right)^{2n+1} \ (-1 \leqslant x \leqslant 1)$.

2. (1) $\ln x = \ln(1 + x - 1) = \sum_{n=0}^{\infty} (-1)^{n-1} \dfrac{(x-1)^n}{n} \ (0 < x \leqslant 2)$；

(2) $\dfrac{1}{x^2 + 4x - 12} = \sum_{n=0}^{\infty} -\dfrac{1}{8}\left[1 + \dfrac{(-1)^n}{7^{n+1}}\right] (x-1)^n \ (0 < x < 2)$.

3. $\cos x = \dfrac{1}{2} \sum_{n=0}^{\infty} (-1)^n \left[\dfrac{\left(x+\dfrac{\pi}{3}\right)^{2n}}{(2n)!} + \sqrt{3}\dfrac{\left(x+\dfrac{\pi}{3}\right)^{2n+1}}{(2n+1)!}\right] \ (-\infty < x < +\infty)$.

复习题8

1. (1) 必要，充要；　(2) 收敛，发散.

2. (1) C；　*(2) B；　(3) C；　(4) C；　(5) C.

3. (1) 发散；　(2) 绝对收敛；　(3) 发散；　(4) 条件收敛；　(5) 绝对收敛；

(6) 条件收敛；　(7) 绝对收敛；　(8) 发散；　(9) 条件收敛.

4. (1) $(-1,1)$；　(2) $(-3,3]$；　(3) $\left[-\dfrac{1}{3}, \dfrac{1}{3}\right]$；　(4) $\left[-\dfrac{1}{3}, \dfrac{1}{3}\right]$；　(5) $(-1,1)$；

(6) $\left(-\dfrac{1}{e}, \dfrac{1}{e}\right)$；　(7) $\left[-\dfrac{1}{\sqrt{2}}, \dfrac{1}{\sqrt{2}}\right]$；　(8) $\left(-\dfrac{1}{\sqrt[4]{2}}, \dfrac{1}{\sqrt[4]{2}}\right)$；　(9) $[2,4]$；　(10) $[3,5]$.

5. (1) $(-1,1), s(x) = \begin{cases} \dfrac{x}{1-x} + \dfrac{1}{x}\ln(1-x), & x \neq 0, \\ 0, & x = 0; \end{cases}$　(2) $(-1,1), s(x) = \dfrac{1 + x - x^2}{(1-x)^2}$；

(3) $(-1,1), s(x) = \dfrac{-2x^2}{1+x^2} + \ln(1+x^2)$；　(4) $(-1,1), s(x) = \dfrac{x}{(1-x)^2} - \ln(1-x)$；

$(5)\left(-\dfrac{1}{\sqrt{2}},\dfrac{1}{\sqrt{2}}\right),s(x)=\dfrac{2x}{(1-2x^2)^2}$；　$(6)(-\sqrt{2},\sqrt{2}),s(x)=\dfrac{2x^2}{(2-x^2)^2}$；

$(7)[-5,1),s(x)=\ln3-\ln(1-x)$；　$(8)[-1,1],s(x)=2x^2\arctan x-x\ln(1+x^2)$.

6. $(1)3$；　$(2)-\dfrac{1}{2}\ln\dfrac{3}{4}$；　$(3)2$；　$(4)\dfrac{3}{4}-\ln\dfrac{2}{3}$；　$(5)\ln\dfrac{3}{2}$.

7. $(1)f(x)=\ln4+\displaystyle\sum_{n=1}^{\infty}\dfrac{1}{n}\left[\dfrac{(-1)^{n-1}}{4^n}-1\right]x^n(-1\leqslant x<1)$；

$(2)f(x)=\displaystyle\sum_{n=0}^{\infty}\dfrac{(-1)^n}{2n+1}x^{2n+2}(-1<x<1)$；

$(3)f(x)=\displaystyle\sum_{n=0}^{\infty}\left[1-\dfrac{(-1)^n}{2^{n+1}}\right]x^n(-1<x<1)$；

$(4)f(x)=\displaystyle\sum_{n=0}^{\infty}\dfrac{(-1)^n}{n!}x^{n+3}(-\infty<x<+\infty)$；

$(5)f(x)=\displaystyle\sum_{n=0}^{\infty}\left(\dfrac{1}{4}-\dfrac{1}{4\cdot5^{n+1}}\right)(x+2)^n(-3<x<-1)$；

$(6)f(x)=\ln3+\displaystyle\sum_{n=1}^{\infty}(-1)^{n-1}\dfrac{(x-3)^n}{3^n n}(0<x\leqslant6)$.

练习 9.1

1. (1)二阶；　(2)一阶；　(3)一阶；　(4)四阶.

2. (1)线性；　(2)非线性；　(3)线性.

3. (1)是方程的解；　(2)不是方程的解；　(3)是方程的解.

4. $C_1=\dfrac{5}{3},C_2=\dfrac{1}{3}$,特解为 $y=\dfrac{5}{3}e^{2x}+\dfrac{1}{3}e^{-4x}$.

练习 9.2

1. $(1)y=\dfrac{1}{2}x^2+\dfrac{1}{5}x^3+C$；　$(2)\arcsin y=\arcsin x+C$；　$(3)2^{-y}+2^x=C$；

$(4)\sin x=c\sin y$；　$(5)\dfrac{1}{y}=-\sin x+C$.

2. $(1)y=e^{x^2}$；　$(2)e^y=\dfrac{1}{2}(e^{2x}+1)$.

练习 9.3

1. $(1)y^2=x^2(2\ln|x|+C)$；　$(2)y+\sqrt{y^2-x^2}=Cx^2$；

$(3)\arctan\dfrac{y}{x}+\ln|\sqrt{x^2+y^2}|=C$；　$(4)1+\ln\dfrac{y}{x}=Cy$；

$(5)\arcsin\dfrac{y}{x}=-\ln|x|+C,y^2=x^2$；　$(6)x^2=C\sin^3\dfrac{y}{x}$.

2. $(1)y^2=2x^2(\ln x+2)$；

$(2)\dfrac{x+y}{x^2+y^2}=1$.

练习9.4

1. （1）$y=e^{-x}(x+C)$；　（2）$y=\dfrac{1}{2x}e^{2x}+\dfrac{C}{x}$；　（3）$y=2+Ce^{-x^2}$；

（4）$2x\ln y=\ln^2 y+C$；　（5）$y=(x+C)e^{-\sin x}$；　（6）$y=C\cos x-3$；

（7）$x=\dfrac{1}{4}y^3+\dfrac{C}{y}$；　（8）$x=Cy^3+\dfrac{1}{2}y^2$.

2. （1）$y=3e^x+2(x-1)e^{2x}$；　（2）$y=\dfrac{\pi-1-\cos x}{x}$；　（3）$2y=x^3-x^3e^{x^{-2}-1}$.

3. $f(x)=\dfrac{\sin x-2\cos x}{5}+\dfrac{2}{5}e^{2x}$.

练习9.5

1. （1）$y=\dfrac{1}{6}x^3-\sin x+C_1 x+C_2$；

（2）$y=(x-3)e^x+C_1 x^2+C_2 x+C_3$；

（3）$y=C_1\ln|x|+C_2$；

（4）$y=C_1e^x-\dfrac{1}{2}x^2-x+C_2$；

（5）$y^3=C_1 x+C_2$；

（6）$C_1 y^2-1=(C_1 x+C_2)^2$.

2. （1）$y=\tan\left(x+\dfrac{\pi}{4}\right)$；　（2）$y=\ln x+1$

练习9.6

1. （1）线性无关；　（2）线性无关；　（3）线性无关.

2. （1）$y=C_1e^{-x}+C_2e^{3x}$；　（2）$y=(C_1+C_2 x)e^{3x}$；　（3）$y=C_1e^{-2x}+C_2e^{4x}$；

（4）$y=e^{-x}(C_1\cos 2x+C_2\sin 2x)$；　（5）$y=(C_1+C_2 x)e^{-2x}$；　（6）$y=C_1\cos 4x+C_2\sin 4x$；

（7）$y=C_1\cos x+C_2\sin x-2x\cos x$；　（8）$y=C_1e^{-x}+C_2e^{3x}-\dfrac{1}{4}xe^{-x}$；

*（9）$y=C_1e^x+C_2e^{-2x}-\dfrac{5}{2}-\dfrac{6}{5}\sin 2x-\dfrac{2}{5}\cos 2x$；　*（10）$y=(C_1+C_2 x)e^{-x}+\dfrac{1}{4}(x-1)e^x$.

3. $y=(4+2x)e^{-x}$.

4. （1）$-x+\dfrac{1}{3}$；　（2）$x\left(\dfrac{1}{18}x-\dfrac{37}{81}\right)$；　（3）$\dfrac{1}{2}x^2e^x$；　*（4）$\dfrac{2}{9}x+\dfrac{1}{9}+\dfrac{1}{8}\cos x$.

练习9.7

1. （1）二阶差分方程；　（2）六阶差分方程；　（3）八阶差分方程.

2. （1）$\Delta y_t=e^t(e-1)$，$\Delta^2 y_t=e^t(e-1)^2$；

（2）$\Delta y_t=2\sin\dfrac{1}{2}\cos\left(t+\dfrac{1}{2}\right)$，$\Delta^2 y_t=-\left(2\sin\dfrac{1}{2}\right)^2\sin(t+1)$；

（3）$\Delta y_t=\ln\dfrac{t+1}{t}$，$\Delta^2 y_t=\ln\dfrac{(t+2)t}{(t+1)^2}$；

$(4)\Delta y_t=3t^2+3t+3+2\sin\dfrac{1}{2}\cos\left(t+\dfrac{1}{2}\right),\Delta^2y_t=6t+6-\left(2\sin\dfrac{1}{2}\right)^2\sin(t+1).$

练习 9.8

$(1)y_t=C\cdot\left(-\dfrac{2}{3}\right)^t+\dfrac{1}{5};$　　$(2)y_t=C+\dfrac{7}{4}t;$　　$(3)y_t=C\cdot\left(\dfrac{3}{2}\right)^t-5-t;$

$(4)y_t=2+\left(\dfrac{1}{3}t^3-\dfrac{1}{2}t^2+\dfrac{1}{6}t\right);$　　$(5)y_t=C\cdot(-1)^t+\left(\dfrac{1}{4}t-\dfrac{3}{16}\right)\cdot3^t.$

复习题 9

1. (1)错；　(2)错；　(3)错；　(4)对；　(5)对.

2. (1)B.　(2)A.

3. $(1)y_x=C+(t-2)\cdot2^t;$　$(2)y=\dfrac{2}{x};$　$(3)y=\dfrac{x}{\sqrt{1+\ln x}};$　$(4)y=\dfrac{1}{x}.$

4. $(1)e^{2y}=x^2+2\ln x+C;$　$(2)y=Cxe^x;$　$(3)y=-\dfrac{1}{4}e^{-x^2}+Ce^{x^2};$

$(4)\dfrac{y}{1-ay}=C(a+x);$　$(5)y^2\sqrt{x^2+y^2}=C;$　$(6)y=\dfrac{1}{2}-\dfrac{1}{x}+\dfrac{C}{x^2};$

$(7)x=y^2(C-\ln y).$

5. $(1)y=\dfrac{1}{1-x};$　$(2)y=(x-1)e^x+1;$　$(3)y=e^{3x}(C_1+C_2x)+\dfrac{14}{9};$

$(4)y=C_1e^{-\frac{1}{2}x}+C_2e^{-2x}+\dfrac{5}{2}x^2-\dfrac{27}{2}x+\dfrac{117}{4};$　$(5)y=C_1e^{-x}+C_2-xe^{-x};$

$(6)y=\left(C_1-\dfrac{1}{4}x\right)e^{-x}+C_2e^{3x}-x+\dfrac{1}{3};$

(7)当$a\neq1$时,$y=C_1\cos ax+C_2\sin ax+\dfrac{1}{a^2-1}\sin x;$

　　当$a=1$时,$y=C_1\cos x+C_2\sin x-\dfrac{1}{2}x\cos x;$

$(8)y=e^{-x}(C_1\cos2x+C_2\sin2x)+\dfrac{5}{4}xe^{-x}\sin2x;$

$(9)y=C_1e^x+C_2e^{-2x}-\dfrac{5}{2}-\dfrac{6}{5}\sin2x-\dfrac{2}{5}\cos2x;$

$(10)x=\arctan(\ln y).$

6. $(1)y_t=C+(t-2)\cdot2^t;$　$(2)y_t=C\cdot5^t-1;$

(3)当$a\neq e^b$时,$y_t=Ca^t-\dfrac{1}{e^b-a}e^{bt};$当$a=e^b$时,$y_t=Ca^t+te^{b(t-1)};$

$(4)y_t=C+5^t;$　$(5)y_t=C\cdot(-2)^t+\dfrac{1}{3}t^2-\dfrac{2}{9}t-\dfrac{1}{27};$　$(6)y_t=C+t\cdot(-2+2t).$

参 考 文 献

［1］同济大学数学系.高等数学:下册[M].7 版.北京:高等教育出版社,2014.

［2］林伟初,郭安学.高等数学(经管类):下册[M].北京:北京大学出版社,2018.

［3］侯风波.高等数学[M].2 版.北京:高等教育出版社,2006.

［4］顾聪,姜永艳.微积分(经管类):下册[M].北京:人民邮电出版社,2019.

［5］国防科学技术大学数学竞赛指导组.大学数学竞赛指导[M].北京:清华大学出版社,2009.

［6］华东师范大学数学科学学院.数学分析:下册[M].5 版.北京:高等教育出版社,2003.

［7］复旦大学数学系.数学分析:下册[M].4 版.北京:高等教育出版社,2018.

［8］李振杰.微积分若干重要内容的历史学研究[D].郑州:中原工学院,2019.

［9］陈文灯.高等数学复习指导:思路、方法与技巧[M].北京:清华大学出版社,2011.

［10］朱雯,张朝伦.刘鹏惠,等.高等数学:下册[M].北京:科学出版社,2010.

［11］范周田,张汉林.高等数学教程:下册[M].3 版.北京:机械工业出版社,2018.

［12］刘玉琏,傅沛仁,刘伟,等.数学分析讲义:下册[M].4 版.北京:高等教育出版社,2006.

［13］吴赣昌.微积分(经管类)[M].3 版.北京:中国人民大学出版社,2010.

［14］傅英定,谢云荪.微积分:下册[M].2 版.北京:高等教育出版社,2003.